普通高等教育土建类“十三五”应用型规划教材

工程造价软件应用教程

（上册）

主　编　杨延艳

黄河水利出版社

·郑州·

内 容 提 要

本书主要介绍了如何利用工程预算软件完成一个完整的工程项目工程量的计算。本书包括两大部分:钢筋算量和土建算量。钢筋算量包括新建钢筋工程、首层构件的定义和绘制、二层构件的绘制、三层构件的绘制、屋面层构件的绘制、基础层构件的定义和绘制、楼梯的定义和绘制;土建算量包括新建图形工程、工程导入、其他工程量的计算。

本教材可供各类普通高等学校土建类专业使用,也可作为应用型三本院校土木工程专业、高职高专建筑工程技术专业、工程监理专业等的教学用书,尤其适用于高职高专工程造价专业,可作为工程造价人员的自学参考用书。

图书在版编目(CIP)数据

工程造价软件应用教程. 上册/杨延艳主编 .—郑州:黄河水利出版社,2016. 6

普通高等教育土建类“十三五”应用型规划教材

ISBN 978 - 7 - 5509 - 1418 - 6

Ⅰ. ①工… Ⅱ. ①杨… Ⅲ. ①建筑工程 - 工程造价 - 应用软件 - 教材 Ⅳ. ①TU723. 3 - 39

中国版本图书馆 CIP 数据核字(2016)第 089700 号

策划编辑:李洪良 王志宽 电话:0371 - 66026352 0371 - 66024331

出 版 社:黄河水利出版社

地址:河南省郑州市顺河路黄委会综合楼 14 层 邮政编码:450003

发行单位:黄河水利出版社

发行部电话:0371 - 66026940、66020550、66028024、66022620(传真)

E-mail:hhslcbs@ 126. com

承印单位:河南承创印务有限公司

开本:787 mm × 1 092 mm 1/16

印张:10

字数:231 千字 印数:1—3 100

版次:2016 年 6 月第 1 版 印次:2016 年 6 月第 1 次印刷

定价:25. 00 元

前 言

工程造价软件应用教程是工程造价专业的一门专业核心课。本书根据工程造价专业的培养目标和教学特点，突出应用性。在学生掌握建筑工程预算理论知识的基础上，通过本课程的学习，使学生能够掌握利用计算机计算钢筋工程量及其他构件工程量等技能，着重培养学生的实际操作技能，实现学生与工程造价就业岗位“零距离”对接，使工程造价教学目标与企业实际工作任务相一致。

本书借助一个框架结构的工程案例，以实际工作过程为步骤，介绍了利用软件编制工程预算文件的过程。本书分为两大部分：钢筋算量和土建算量，钢筋算量利用广联达GGJ2013 软件编写，土建算量利用广联达 GCL2013 软件编写。本书第一部分钢筋算量包括七章内容，介绍了包含钢筋的建筑物构件的定义和绘制的过程；第二部分土建算量包括三章内容，介绍了土建算量文件的新建以及文件的导入等。

本书由郑州工商学院的教师编写，分工如下：第一章、第二章的第三节和第四节、第三章、第六章、第八章、第九章和第十章由杨延艳编写；第二章的第一节、第四章、第七章和附录Ⅰ建筑设计说明及其图纸、附录Ⅱ结构设计说明及其图纸由王洁琼编写；第二章的第二节、第五章由宋宵编写。

由于编者水平有限，书中可能存在一些不妥之处，敬请读者批评指正。

编 者

2015 年 3 月

目　录

第二部分　土建算量

第一部分　钢筋算量

第一章　新建钢筋工程

第一节　工程准备

(1)左键双击“广联达 BIM 钢筋算量 GGJ2013”图标启动软件，进入“欢迎使用GGJ2013”界面，如图 1-1 所示。

(2)左键单击“欢迎使用 GGJ2013”界面上的“新建向导”，进入“新建工程：第一步，工程名称”界面，如图 1-2 所示。

在“工程名称”界面中，“工程名称”按照图纸中的项目名称输入，保存时会以输入的工程名称作为默认的文件名。本工程的工程名称填写为“办公楼”。

计算规则：软件中可供选择的计算规则有“00G101”“03G101”和“11 系新平法规则”三种。根据附录Ⅱ结构设计说明及其图纸，本工程选择“11 系新平法规则”。需注意，计算规则确定后无法修改。

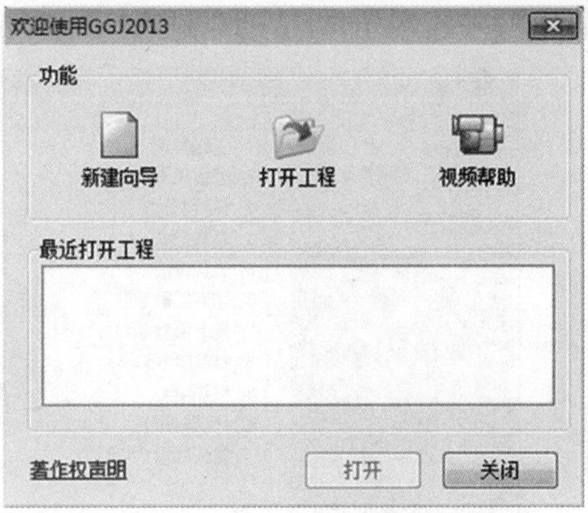

图 1-1　新建向导

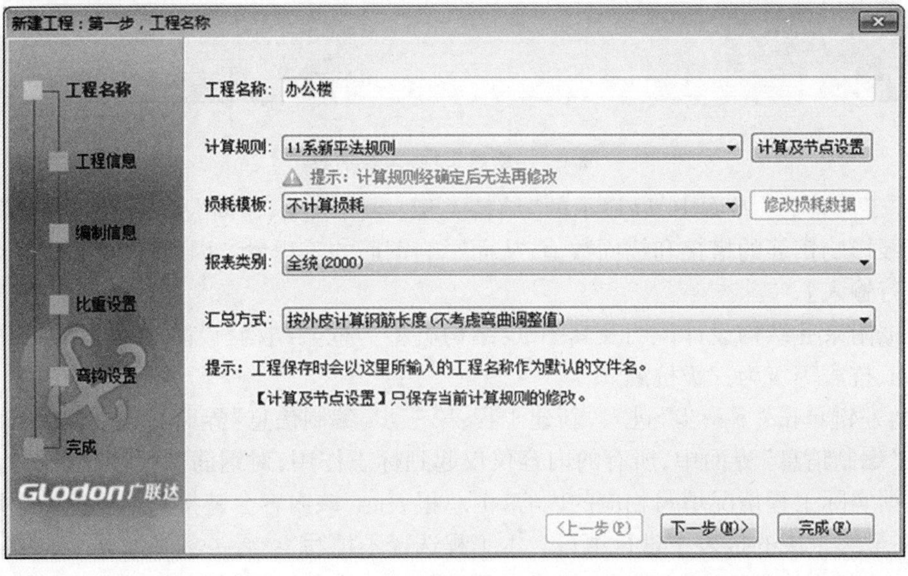

图 1-2　新建工程：工程名称

损耗模板:指的是钢筋在加工制作过程中的损耗,根据实际工程需要选择。《河南省建设工程工程量清单综合单价(2008)》规定钢筋子目中的钢筋含量已经包括了钢筋在制作加工过程中的损耗,所以在计算钢筋工程量时选择不考虑损耗的模板。本工程选择“不计算损耗”。

报表类别:软件中可供选择的报表类别有全国不同地区的报表和全统(2000),可以根据地区选择报表类别。不同的报表仅仅格式不同,不影响钢筋工程量。本工程选择“全统(2000)”。

汇总方式:软件中可供选择的汇总方式有“按外皮计算钢筋长度(不考虑弯曲调整值)”和“按中轴线计算钢筋长度(考虑弯曲调整值)”。本工程选择“按外皮计算钢筋长度(不考虑弯曲调整值)”。

(3)左键单击“下一步”进入“新建工程:第二步,工程信息”界面,如图1-3所示。

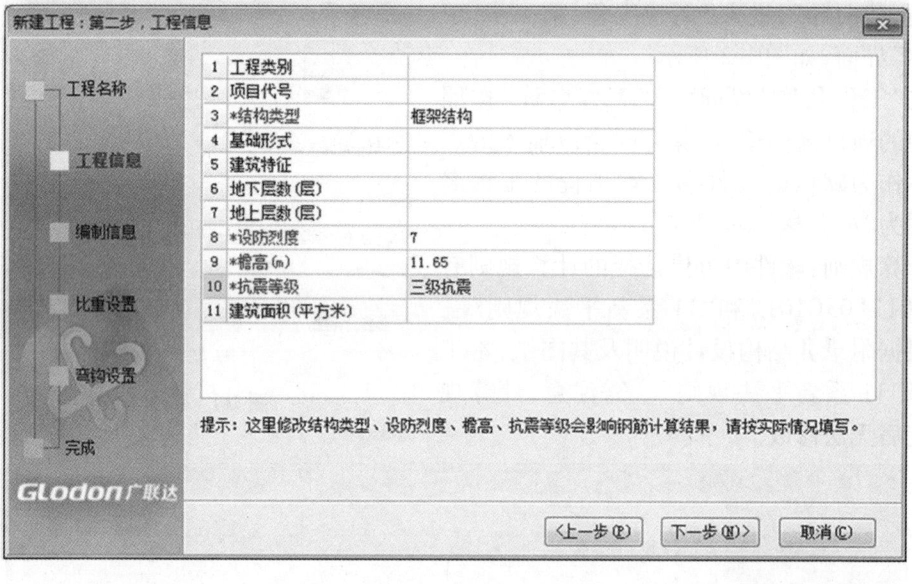

图1-3　新建工程:工程信息

在“工程信息”界面中,以显示的“结构类型、设防烈度、檐高”决定建筑的抗震等级,抗震等级影响钢筋的搭接和锚固数值,从而影响钢筋的工程量。因此,需要根据实际工程情况进行输入。

根据附录Ⅱ结构设计说明及其图纸:结构类型为框架结构、设防烈度为7度、檐高为11.65 m、抗震等级为三级抗震。

(4)左键单击“下一步”进入“新建工程:第三步,编制信息”界面,如图1-4所示。

在“编制信息”界面中,所有的内容仅仅起到标志作用,对钢筋工程量没有任何影响。可以根据实际工程情况填写相应的内容,汇总报表时,该内容会链接到报表里。也可以不填写,在最终生成的报表中进行填写。本工程选择不填写。

(5)左键单击“下一步”进入“新建工程:第四步,比重设置”界面,如图1-5所示。

在“比重设置”界面中,对各类钢筋的比重都可以进行设置。一般无特殊注明,可以

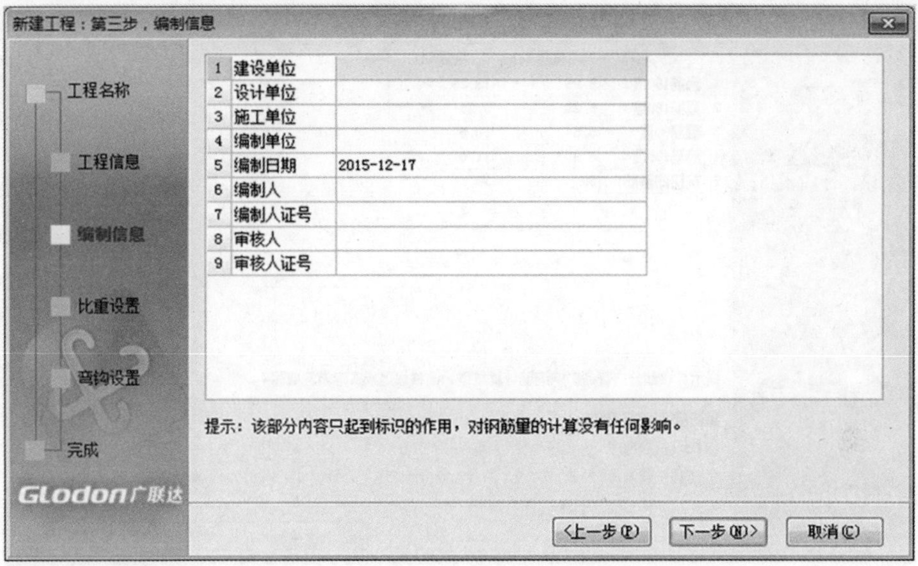

图 1-4　新建工程:编制信息

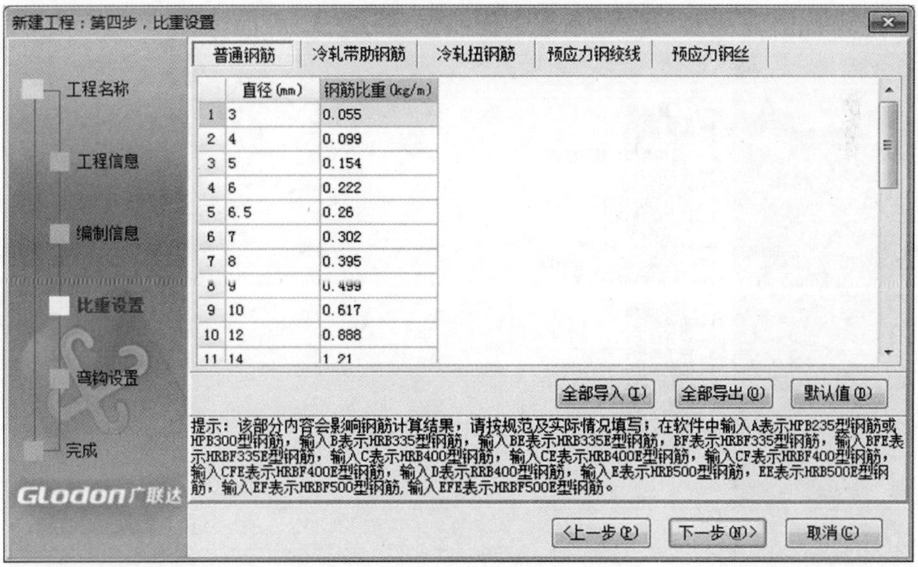

图 1-5　新建工程:比重设置

不进行修改。

需要注意的是,目前国内市场上没有直径为 6 mm 的钢筋,一般用直径为 6.5 mm 的钢筋代替。因此,需要把直径为 6 mm 的钢筋的比重修改为直径为 6.5 mm 的钢筋的比重,把 0.222 修改为 0.26,修改的地方会以黄色底纹标志。

(6)左键单击"下一步"进入"新建工程:第五步,弯钩设置"界面,如图 1-6 所示。

在"弯钩设置"界面中,对各类钢筋的弯钩可以进行设置。一般图纸如无特殊注明,则不需修改。本工程无须修改。

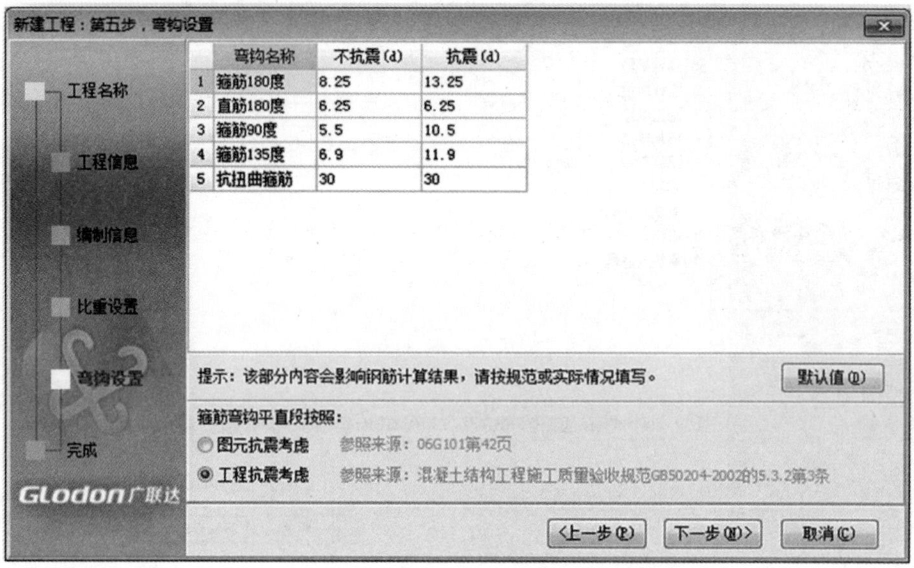

图 1-6　新建工程:弯钩设置

(7)左键单击“下一步”进入“新建工程:第六步,完成”界面,如图 1-7 所示。

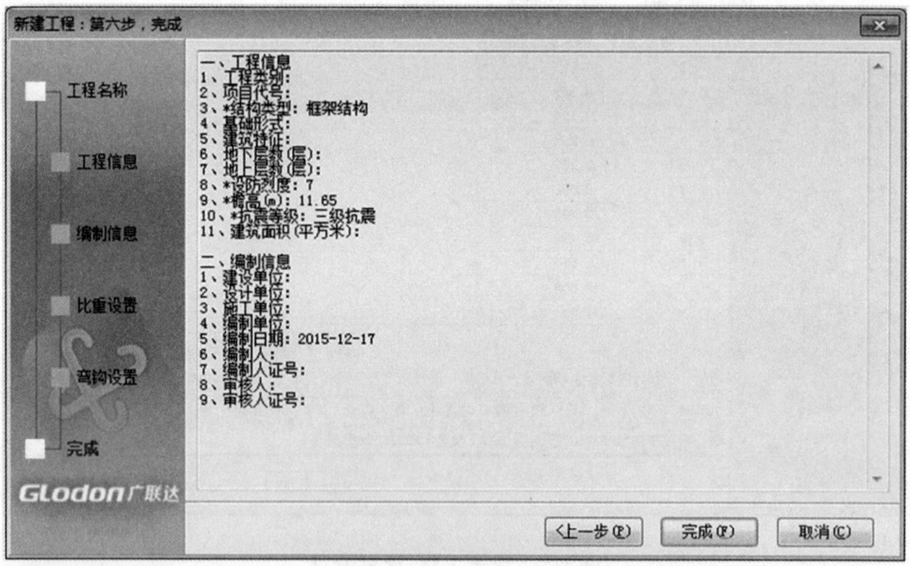

图 1-7　新建工程:完成

在此界面可以检查前面填写的信息是否正确,如果不正确,左键单击“上一步”按钮返回,如果信息无误,左键单击“完成”按钮,则完成了新建工程的准备工作。

第二节　修改工程设置

单击“完成”按钮后,进入“工程设置”界面,如图 1-8 所示。

在界面左侧“模块导航栏”中可以对工程设置绘图输入单构件输入和报表预览进行设置。首先进行工程设置，在“工程设置”模块下，可以对工程信息、比重设置、弯钩设置、损耗设置、计算设置和楼层设置进行设置，其中工程信息、比重设置、弯钩设置和损耗设置在第一节已经设置过，在这里可以进行核对，无须重复设置。计算设置和楼层设置按照如下步骤进行。

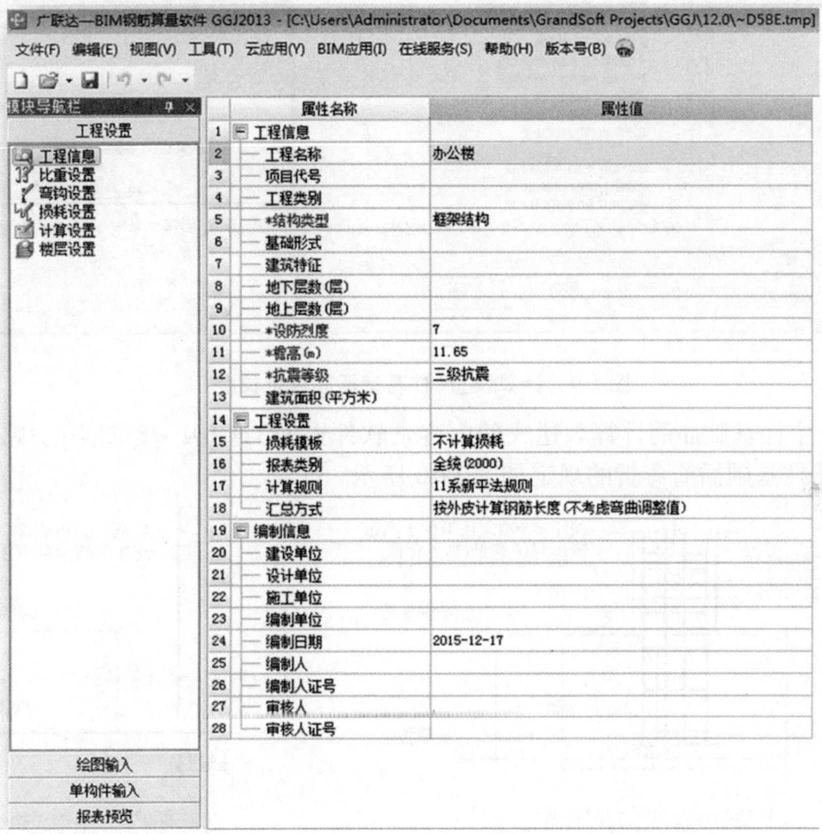

图 1-8　工程设置

一、计算设置

在“计算设置”里可以对计算规则、节点、箍筋、搭接和箍筋公式进行设置。

（一）计算设置

“计算设置”的内容，是软件内置的规范和图集的显示，包括各类构件计算过程中所用到的参数的设置，直接影响钢筋的计算结果。软件中默认的数值都是规范中规定的数值和工程中最常用的数值，一般不需要进行修改；当工程中有特殊规定时，可以根据图纸中的规定进行修改。

“计算设置”中“柱基础插筋弯折长度”，软件默认按规范计算。左键单击设置值下的按钮，可以查看“柱基础插筋弯折长度”的详细计算规则；当图纸规定和规范不一致时，可以对弯折长度进行修改，如图 1-9 所示。

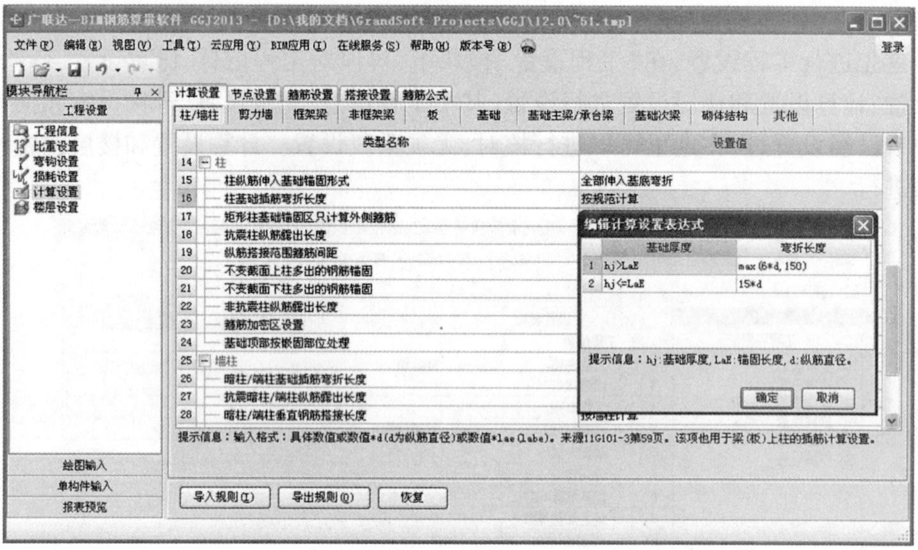

图 1-9　计算设置(柱基础插筋弯折长度)

图 1-9 中柱基础插筋计算表达式的内容是软件根据 11G101－3 图集的规定内置的，图集中关于柱基础插筋弯折的规定如图 1-10 所示。

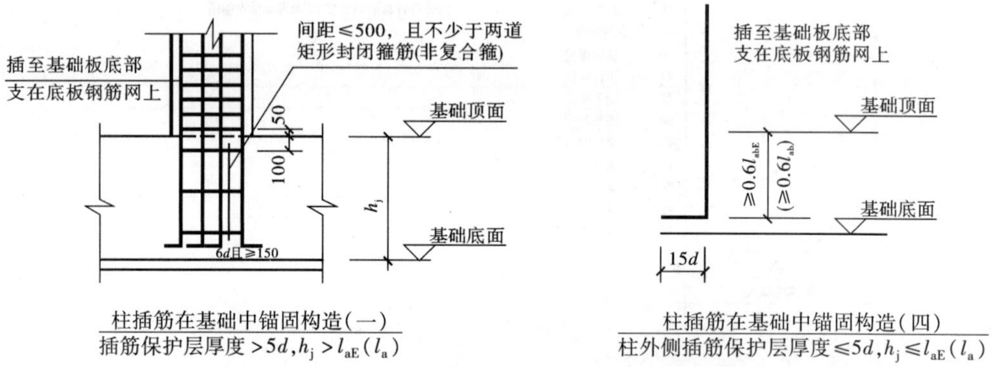

图 1-10　11G101－3 图集关于柱基础插筋弯折的规定

“计算设置”的所有内容，都是按照类似的方式，把规范和图集中的参数和规定内置在软件中，并且可以根据需要进行修改。本工程无须修改“计算设置”中的内容。

(二)节点设置

“节点设置”部分的内容，也是软件中内置图集的显示，软件将图集中所有的节点内置到软件中供用户选择使用，如图 1-11 所示。

从软件中的提示信息可看出，软件中顶层边角柱内侧纵筋的五种节点构造图来自于图集 11G101－1 第 59 页。

软件中默认的节点为最常用的，所以在使用软件时，如果图纸是按照最常用的节点形式绘制的，则无须进行选择和设置；如果图纸中明确指出使用的是其他的节点，就可以在“节点设置”部分选择其他的节点。除选择其他的节点外，如有需要，还可以根据实际情况，对节点中的锚固和弯折的参数进行输入。本工程无须修改“节点设置”中的内容。

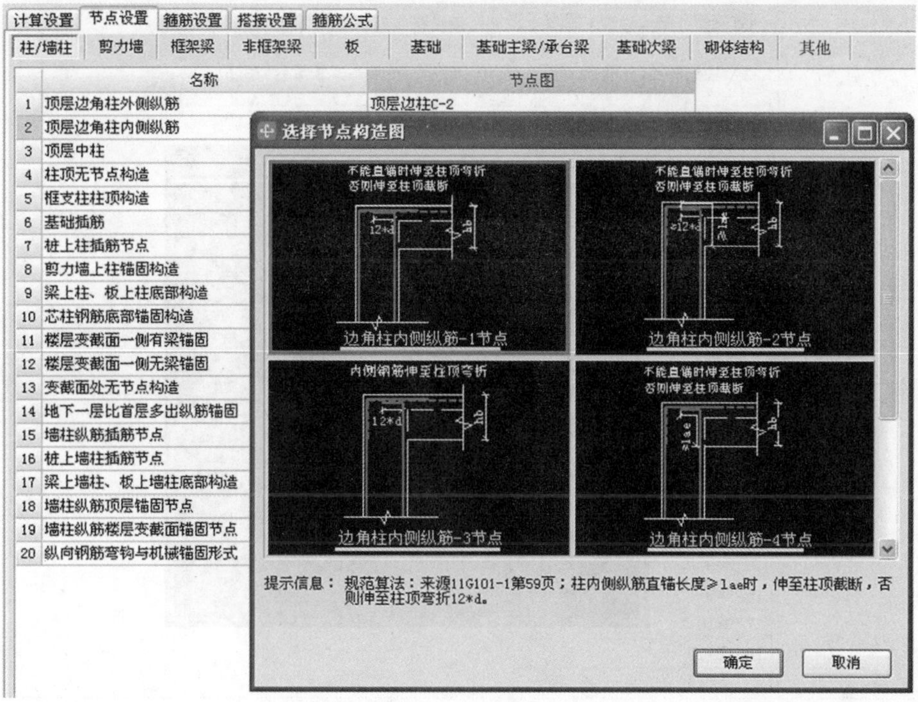

图 1-11 节点设置

需要注意的是，对于墙柱等构件在基础里都需要计算插筋的弯折值，软件中可以通过调整“计算设置”或者“节点设置”来完成墙柱基础插筋弯折值，如果“计算设置”和“节点设置”不一致，软件默认“节点设置”优先于“计算设置”。

（三）箍筋设置

在“箍筋设置”部分，软件提供了多种箍筋肢数组合，在定义构件时可以根据实际情况选择。如果实际工程中遇到的箍筋肢数未在此提供，也可以手动进行添加，如图 1-12 所示。

（四）搭接设置

对钢筋算量过程中用到的钢筋的搭接形式和定尺长度进行设置，一般无须修改。但当图纸中的规定和软件默认的常用方式不一致时，可以进行相应的修改。本工程无须修改。

（五）箍筋公式

在“箍筋公式”部分可以查看不同肢数的箍筋的长度计算公式，一般不需要进行修改，如图 1-13 所示。

二、楼层设置

（一）楼层设置

根据结构施工图中“楼层结构标高、层高”设置楼层，具体步骤如下：

（1）单击“楼层设置”进入楼层设置界面→单击“插入楼层”按钮 3 次→将楼层名称下的“第 4 层”修改为“屋面层”。

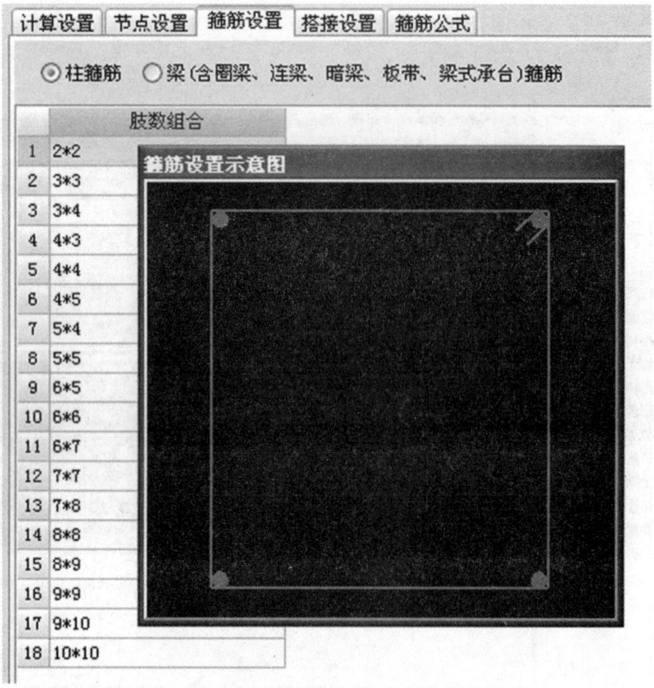

图 1-12　箍筋设置

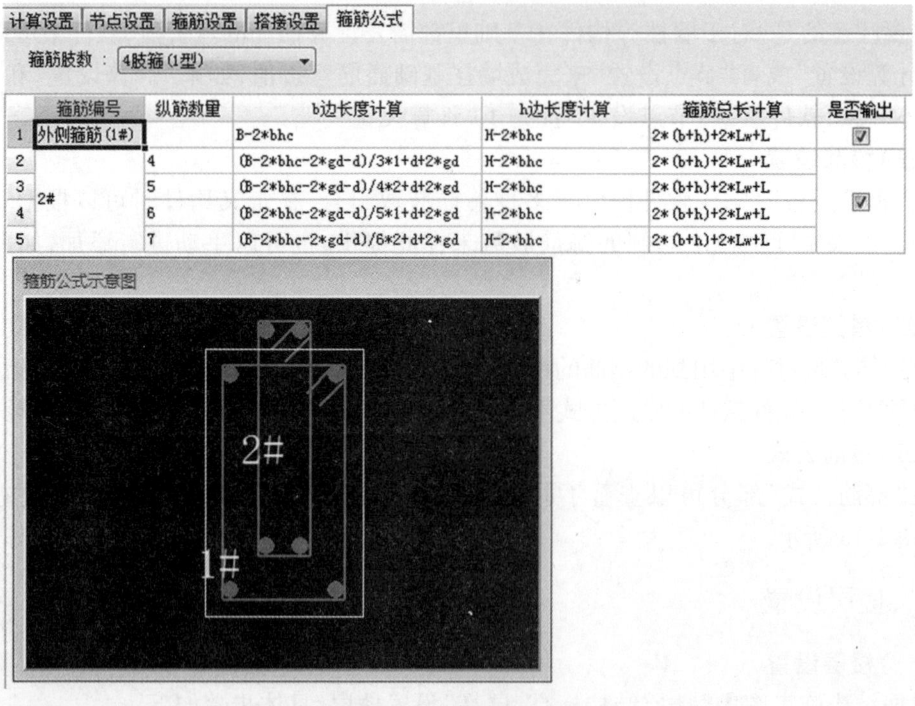

图 1-13　箍筋公式

操作时注意:在插入楼层之前应把鼠标放在首层,因将鼠标放在首层后点击插入楼层,插入的楼层为地上部分;若把鼠标放在基础层后点击插入楼层,则插入的楼层的编号为负数,即为地下部分。

(2)单击首层底标高,输入“-0.05”→根据图纸中“楼层结构标高、层高”(如图1-14所示)依次输入第2、3层及屋面层的层高→根据基础1—1剖面图(如图1-15所示)输入基础层层高(基础层层高不包括垫层厚度)。

图1-14　楼层结构标高、层高

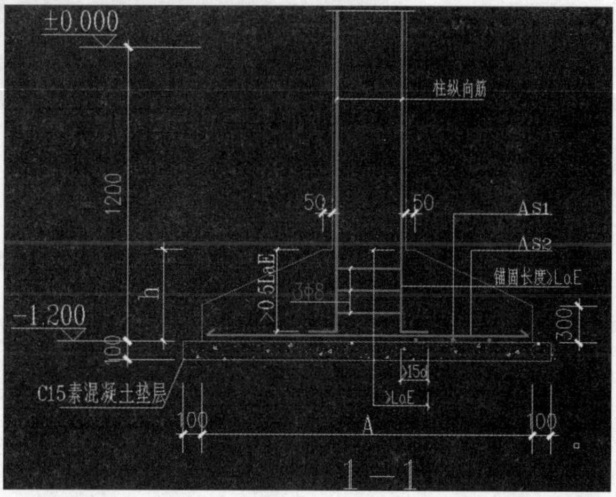

图1-15　基础1—1剖面图

(3)输入层高后,各层底标高软件会自动修改。软件中默认的板厚为120,无须修改,是按照第二章第三节定义的板厚计算的。楼层设置后,输入的结果如图1-16所示。

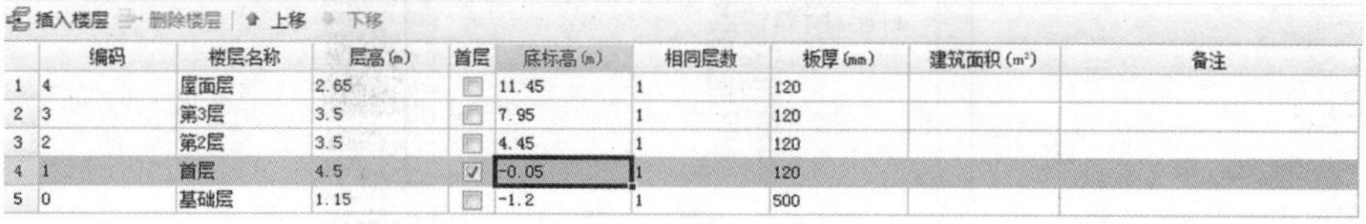

	编码	楼层名称	层高(m)	首层	底标高(m)	相同层数	板厚(mm)	建筑面积(m²)	备注
1	4	屋面层	2.65	☐	11.45	1	120		
2	3	第3层	3.5	☐	7.95	1	120		
3	2	第2层	3.5	☐	4.45	1	120		
4	1	首层	4.5	☑	-0.05	1	120		
5	0	基础层	1.15	☐	-1.2	1	500		

图1-16　楼层设置

(二)修改混凝土强度等级、保护层厚度

楼层设置完成之后,需要修改混凝土强度等级及保护层厚度,并将其复制到其他楼层,具体操作步骤如下:

(1)根据附录Ⅱ结构设计说明及其图纸中关于混凝土强度等级和保护层厚度的规定,修改“混凝土强度等级”和“保护层厚度”,修改后的结果如图1-17所示。

(2)单击“楼层设置”界面右下方“复制到其他楼层”按钮,弹出“楼层选择”对话框(如图1-18所示)。选择“所有楼层”并单击“确定”,混凝土强度等级和保护层厚度就复制完成。

结构部位		混凝土强度等级	保护层厚度	钢筋	备注
基础	100厚素混凝土垫层	C15	50(独基)	HPB235(Φ) HRB335(Φ) HRB400(Φ)	
	基　础	C30	40(基础梁)		
框架柱	基础顶标高以上	C30	30		
各层梁楼板楼梯	基础顶标高以上	C30	25(梁) 15(板)		
填充墙上GZ,腰梁,圈梁		C20	30		

⇩

楼层默认钢筋设置(屋面层, 11.45~14.10 m)

	抗震等级	混凝土强度等级	锚固						搭接						保护层厚度(mm)
			HPB235(A) HPB300(A)	HRB335(B) HRB335E(BE) HRBF335(BF) HRBF335E(BFE)	HRB400(C) HRB400E(CE) HRBF400(CF) HRBF400E(CFE) RRB400(D)	HRB500(E) HRB500E(EE) HRBF500(EF) HRBF500E(EFE)	冷轧带肋	冷轧扭	HPB235(A) HPB300(A)	HRB335(B) HRB335E(BE) HRBF335(BF) HRBF335E(BFE)	HRB400(C) HRB400E(CE) HRBF400(CF) HRBF400E(CFE) RRB400(D)	HRB500(E) HRB500E(EE) HRBF500(EF) HRBF500E(EFE)	冷轧带肋	冷轧扭	
基础	(三级抗震)	C30	(32)	(31/34)	(37/41)	(46/50)	(37)	(35)	(45)	(44/48)	(52/58)	(65/70)	(52)	(49)	50
基础梁/承台梁	(三级抗震)	C30	(32)	(31/34)	(37/41)	(46/50)	(37)	(35)	(45)	(44/48)	(52/58)	(65/70)	(52)	(49)	(40)
框架梁	(三级抗震)	C30	(32)	(31/34)	(37/41)	(46/50)	(37)	(35)	(45)	(44/48)	(52/58)	(65/70)	(52)	(49)	25
非框架梁	(非抗震)	C30	(30)	(29/32)	(35/39)	(43/48)	(35)	(35)	(42)	(41/45)	(49/55)	(61/68)	(49)	(49)	25
柱	(三级抗震)	C30	(32)	(31/34)	(37/41)	(46/50)	(37)	(35)	(45)	(44/48)	(52/58)	(65/70)	(52)	(49)	30
现浇板	(非抗震)	C30	(30)	(29/32)	(35/39)	(43/48)	(35)	(35)	(42)	(41/45)	(49/55)	(61/68)	(49)	(49)	(15)
剪力墙	(三级抗震)	C35	(30)	(29/32)	(34/37)	(41/46)	(37)	(35)	(36)	(35/39)	(41/45)	(50/56)	(45)	(42)	(15)
人防门框墙	(三级抗震)	C30	(32)	(31/34)	(37/41)	(46/50)	(37)	(35)	(45)	(44/48)	(52/58)	(65/70)	(52)	(49)	(15)
墙梁	(三级抗震)	C35	(30)	(29/32)	(34/37)	(41/46)	(37)	(35)	(42)	(41/45)	(48/52)	(58/65)	(52)	(49)	(20)
墙柱	(三级抗震)	C35	(30)	(29/32)	(34/37)	(41/46)	(37)	(35)	(42)	(41/45)	(48/52)	(58/65)	(52)	(49)	(20)
圈梁	(三级抗震)	C20	(41)	(40/44)	(42/47)	(51/56)	(48)	(45)	(58)	(56/62)	(59/66)	(72/79)	(68)	(63)	30
构造柱	(三级抗震)	C20	(41)	(40/44)	(42/47)	(51/56)	(48)	(45)	(58)	(56/62)	(59/66)	(72/79)	(68)	(63)	30
其他	(非抗震)	C15	(39)	(38/42)	(40/44)	(48/53)	(45)	(45)	(55)	(54/59)	(56/62)	(68/75)	(63)	(63)	(25)

图 1-17　混凝土强度等级、保护层厚度修改结果

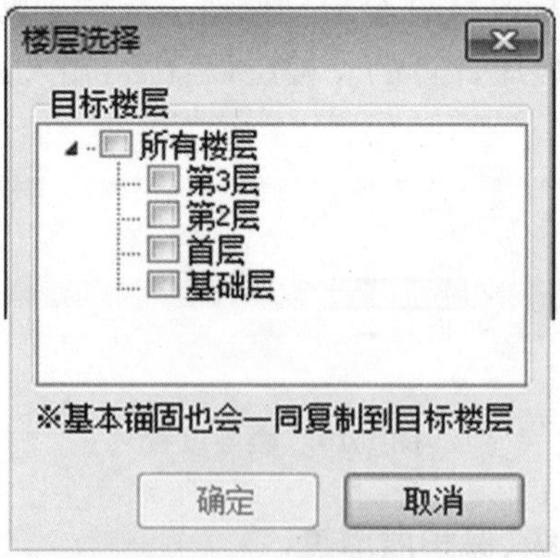

图 1-18　复制楼层

第三节　建立轴网

楼层建立完成后,切换到“绘图输入”界面进行建模和计算部分的操作。在建模之前要根据附录Ⅰ建筑设计说明及其图纸中“建施 2/7 一层平面图”来建立轴网。建立轴网的目的是在绘制结构构件时用来确定构件的位置。新建轴网的步骤如下:

（1）单击“绘图输入”进入绘图界面，软件默认的界面为轴网的绘制界面→单击“定义”按钮→单击“新建”下拉菜单→单击“新建正交轴网”，新建“轴网 1”，如图 1-19 所示。

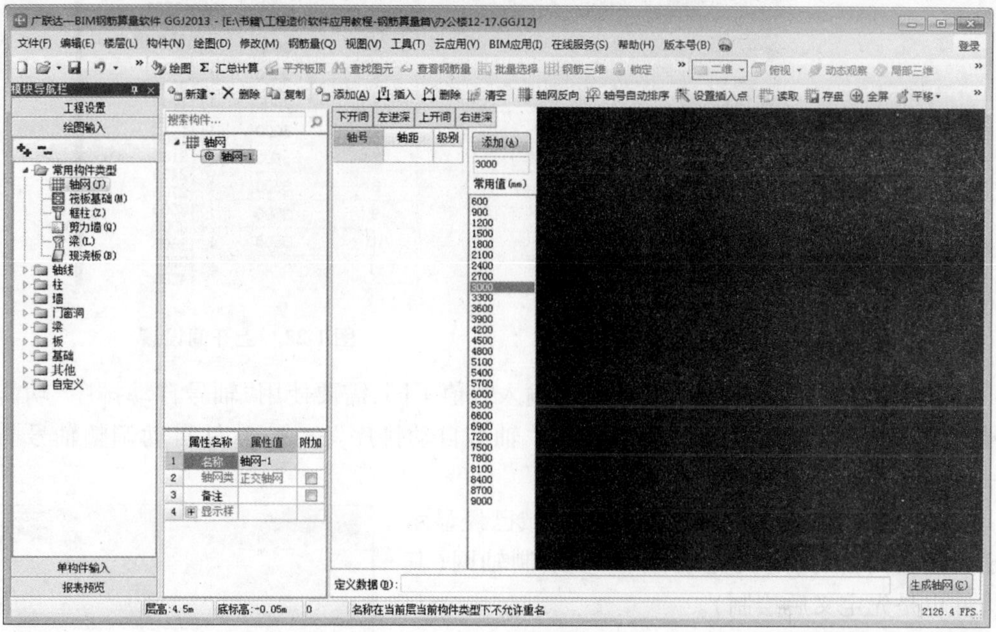

图 1-19　新建轴网

如图 1-19 所示，在新建轴网时需要定义下开间、左进深、上开间、右进深。对应到图纸中，下开间就是图纸下边的轴号和轴距；上开间就是图纸上边的轴号和轴距；左进深就是图纸左边的轴号和轴距；右进深就是图纸右边的轴号和轴距。

（2）输入下开间。在下开间状态，“添加”按钮下方输入①～②轴下开间的轴距为 3 500→按【Enter】键→在“添加”按钮下方输入②～③轴下开间的轴距为 3 500→按【Enter】键→用同样的方法输入其他下开间的尺寸，如图 1-20 所示。

图 1-20　下开间设置

（3）输入左进深。单击“左进深”，切换到“左进深”输入界面→在左进深状态，“添加”按钮下方输入Ⓐ～Ⓑ轴的轴距为 5 000→按【Enter】键→在“添加”按钮下方输入Ⓑ～Ⓒ轴的轴距为 2 000→按【Enter】键→用同样的方法输入Ⓒ～Ⓓ轴的轴距。左进深的输入结果如图 1-21所示。

（4）输入上开间。用同样的方法输入上开间的尺寸。需要注意的是，输入完成后要把轴号“2”修改为“1/1”，其余的轴号无须修改。上开间的输入结果如图 1-22 所示。

（5）复制右进深。由于左进深和右进深一样，所以无须输入右进深，只需将左进深状态下的定义数据“定义数据(D): A,5000,B,2000,C,6000,D”复制到右进深状态下的定义数据即可。

图 1-21　左进深设置

图 1-22　上开间设置

(6)轴号自动排序。由于上、下开间输入数值不同，需要使用“轴号自动排序”功能对轴号重新排序；单击轴网显示界面上方的“轴号自动排序”命令，软件自动调整轴号与图纸一致。

(7)可以看到，右侧的轴网图显示区域已经显示了定义的轴网，轴网定义完成，下一步绘制轴网（其他构件也是先定义后绘制）。

(8)完成轴网定义后，单击“绘图”按钮，切换到绘图界面→弹出“请输入角度”对话框（如图 1-23 所示）→单击“确定”按钮，由于本工程轴网与 X 轴角度为 0°，软件默认就是正确的。建好的轴网如图 1-24 所示。

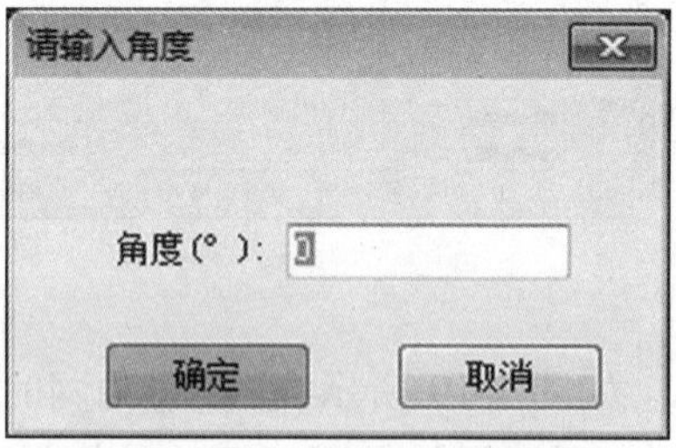

图 1-23　“请输入角度”对话框

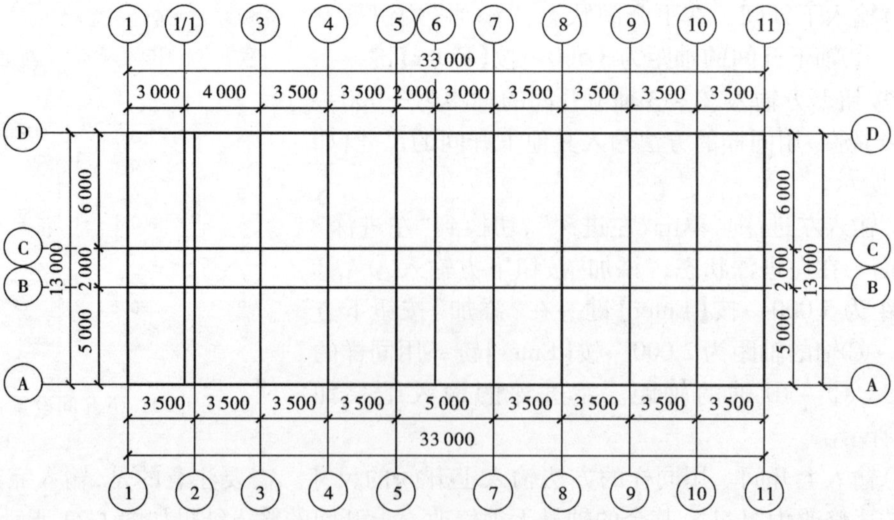

图 1-24　轴网

第二章　首层构件的定义和绘制

第一节　首层框架柱的定义和绘制

一、识图

柱平法施工图，是在柱平面布置图上采用列表注写或截面注写的方式表达的。列表注写方式就是用列表的方式注写，如表 2-1 所示；而截面注写方式是分别在不同编号的柱中选择一个截面直接注写的方式，如图 2-1 所示。

表 2-1　柱配筋表格输入（列表注写）

柱号	标高	$b \times h(b_i \times h_i)$（圆柱直径 D）	角筋	B 边一侧中部筋	H 边一侧中部筋	箍筋类型号	箍筋
KZ－1	基础顶～3.870	600×800	4 ⏀25	3 ⏀22	3 ⏀25	1.（4×5）	⏀8@100
	3.870～23.400	600×800	4 ⏀25	3 ⏀22	2 ⏀20	1.（4×5）	⏀8@100
KZ－2	基础顶～3.870	450×450	4 ⏀20	1 ⏀25	1 ⏀18	1.（3×3）	⏀8@100
	3.870～7.770	450×450	4 ⏀22	1 ⏀18	1 ⏀22	1.（3×3）	⏀8@100
	7.770～15.570	450×450	4 ⏀20	1 ⏀18	1 ⏀20	1.（3×3）	⏀8@100
	15.570～19.470	450×450	4 ⏀22	1 ⏀18	1 ⏀22	1.（3×3）	⏀8@100

本工程采用的是截面注写的方式，以首层的 1KZ1（见图 2-1）为例，各字母及数字代表的含义如下。

（1）500×500：柱的截面尺寸，B 边为 500 mm，H 边为 500 mm。

（2）4 ⏀25：角筋是 4 根直径为 25 mm 的三级钢筋。

（3）ϕ8@100/200（4）：箍筋是直径为 8 mm 的一级钢筋，箍筋的间距为 200 mm，加密区箍筋的间距为 100 mm，4 肢箍。

（4）2 ⏀18（上侧）：B 边一侧中部筋是 2 根直径为 18 mm 的三级钢筋。

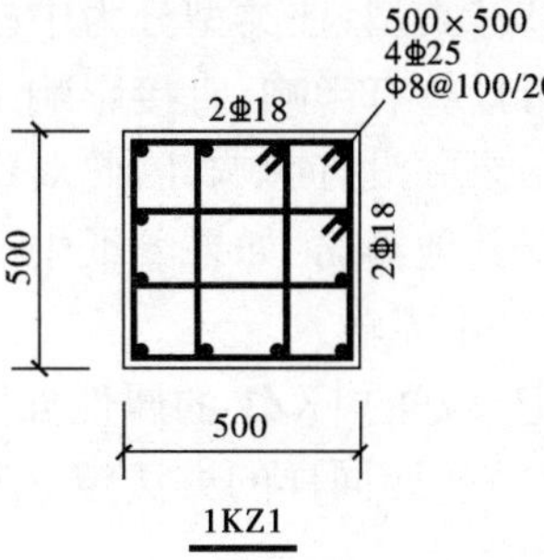

图 2-1　柱截面标注方式（截面注写）

（5）2 ⏀18（右侧）：H 边一侧中部筋是 2 根直径为 18 mm 的三级钢筋。

二、柱的属性定义

根据图纸“结施 4/16”中的“（基础～4.45）标高柱平面配筋图”可知本工程首层只有两种类型的框架柱，柱的属性定义过程如下：

(1)单击“模块导航栏”下“柱”前面的三角→单击框柱(Z)→单击工具栏左上角的“定义”按钮,进入定义界面。

(2)单击“新建”按钮,出现下拉菜单→单击“新建矩形框柱”。

(3)在“属性编辑”中修改 1KZ1 的属性。

①名称:软件默认按照 KZ－1、KZ－2 的顺序生成,可根据实际情况修改,此处修改为“1KZ1”。

②类别:点击柱类别输入框,输入框的右方会出现一个倒三角,可看到柱的类别有框架柱、框支柱、暗柱和端柱四种,不同类别的柱在计算时所用的规则不同,因此要根据图纸的情况正确输入,本工程为框架柱,软件默认也为框架柱,故不用修改。

③截面编辑:截面编辑的含义是是否需要手动编辑截面,本工程的框架柱很规则,是四边形,软件自带的有此类型截面。截面编辑通常用于截面比较复杂、软件自带的可供选择的截面中没有的类型,此时需要进行截面编辑。

④截面宽和截面高:修改截面宽为 500 mm,截面高为 500 mm。

⑤全部纵筋:当角筋、B 边一侧中部筋和 H 边一侧中部筋的钢筋型号及直径完全一样时可在此框中输入。如要在此处输入数据,只有当“角筋、B 边一侧中部筋和 H 边一侧中部筋”三项均为空时才允许输入,一旦“全部纵筋”中输入了数据,那么下面三项将变为灰色,即“全部纵筋”和下面的三项不可同时输入。本工程由于中部筋、角筋的钢筋型号和直径不同,因此此项不用输入。

⑥角筋:此处输入 4C25。

⑦*B* 边一侧中部筋:按照图纸输入 2C18。

⑧*H* 边一侧中部筋:按照图纸输入 2C18。

⑨箍筋:输入柱的箍筋信息 A8－100/200。

⑩肢数:软件默认为 4*4,不用修改。

⑪柱类型:柱类型分为中柱、边柱和角柱,三种不同的类型会对顶层柱子的顶部锚固和弯折计算有影响,直接影响工程量计算的结果。而对于中间层而言,无论哪种类型对计算的结果并没有影响,因此对中间层的柱子类型可以不做修改,均按照中柱计算。

⑫其他箍筋:如果图纸中有和软件的参数图中不同的箍筋或拉筋,可在此输入。本工程没有,不需输入。

定义好的 1KZ1 的属性如图 2-2 所示。

(4)按照同样的方法定义 1KZ2,定义好的 1KZ2 的属性如图 2-3 所示。

说明:

(1)在广联达软件中,A、B、C、E 分别代表一、二、三、四级钢,如输入 4C25,软件会自动转换为 4 Φ25。

(2)为了方便,箍筋在输入时“@”可用“－”代替。

(3)在“属性编辑”对话框中有蓝色字体和黑色字体,蓝色属性是构件的公有属性,在属性中进行修改,则会对图中所有的同名构件生效;黑色属性为私有属性,必须选中所画的图元进行修改才有效,即只对选中的图元生效。

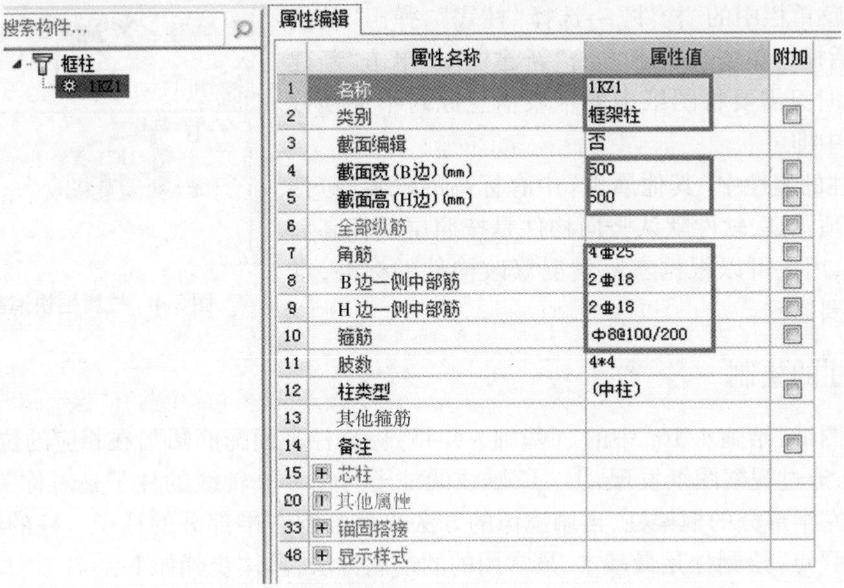

图 2-2　1KZ1 的属性

图 2-3　1KZ2 的属性

【知识扩展】

(1)在定义 1KZ2 时,可以按照定义 1KZ1 的步骤,也可以右键单击 1KZ1 的名称(如图 2-4 所示)→选择“复制”,软件自动生成名称为 1KZ1－1 的框柱→单击 1KZ1－1→修改名称为 1KZ2,此时只需要修改与 1KZ1 不相同的属性即可,这样可提高作图效率。

(2)柱的定义除这种方法外,还可以用“柱表”定义,当柱子类型较多,图纸用柱表的方式来表示钢筋的配筋信息时,根据需要可以选择此种方法,具体步骤如下:

单击菜单栏中的“构件”→选择“柱表”，弹出“柱表定义”对话框→单击屏幕下方的“新建柱”→单击“新建柱层”，此时只需要将图纸中的柱表信息原封不动地抄写到软件中即可。

（3）柱的属性中“其他属性”中有标高的设置，包括底标高和顶标高，软件默认竖向构件是按照层底标高和层顶标高，用户可以根据实际情况修改构件的标高，本工程不需要修改。

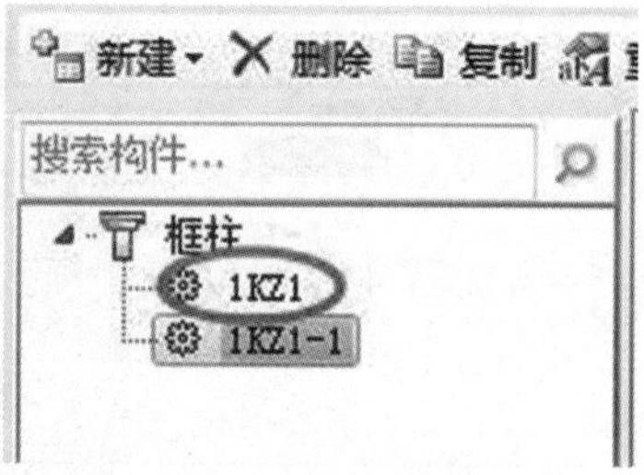

图 2-4　柱属性快速复制

三、柱的绘制

根据图纸“结施 4/16”中的“（基础～4.45）标高柱平面配筋图”，在相应的位置绘制首层框架柱，通过观察图纸发现，①～⑤轴线的柱子与⑦～⑪轴线的柱子是对称关系，因此先画图纸左半部分的框架柱，再用镜像的方法快速绘制右半部分的柱子。柱的绘制有多种方法，用“点”绘制柱是最基本、最常用的的绘制方法，具体步骤如下：

（1）单击工具栏左上方的“绘图”按钮，进入绘图界面。

（2）在“构件工具条”上选择框柱为 1KZ1（如图 2-5 所示）。

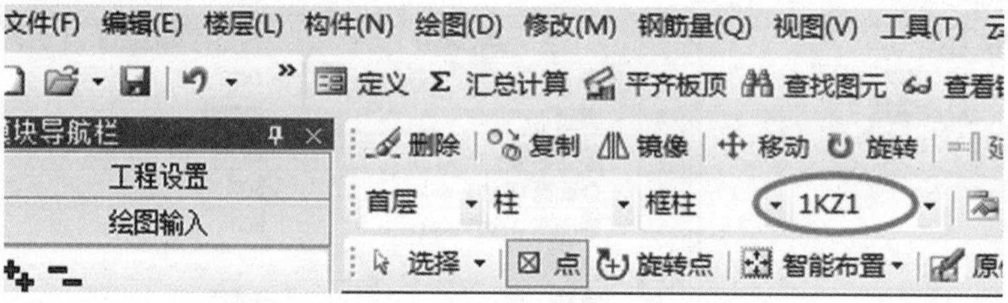

图 2-5　选择 1KZ1

（3）单击“点”按钮→单击①轴线和Ⓓ轴线的交点（当鼠标移至轴线交点时，光标会变成“十”字）→单击（3/D）轴线交点→依次单击图纸中①～⑤轴相应交点位置的 1KZ1，绘制好的 1KZ1 如图 2-6 所示。

（4）在“构件工具条”上选择框柱为 1KZ2，软件默认为“点”绘制方法，分别单击（3/C）轴线和（5/C）轴线两个交点。

注意：一定要捕捉住交点，不要误点中轴线的中点，可以使用鼠标滚轮来放大或缩小绘图区域。

（5）此时 1KZ1 和 1KZ2 虽然画好，但是通过观察图纸发现，图纸中框架柱的中心并不是轴线的交点，因此我们需要对框架柱进行偏心设置。单击菜单栏中的“绘图”→选择“查改标注”→（滚动鼠标滚轮放大图纸）单击（1/D）轴线交点处 1KZ1 下方数据 250，如图 2-7 所示→修改数据为 125→按【Enter】键→单击右上侧的 250→修改为 125→按【Enter】键，修改后的 1KZ1 如图 2-8 所示。

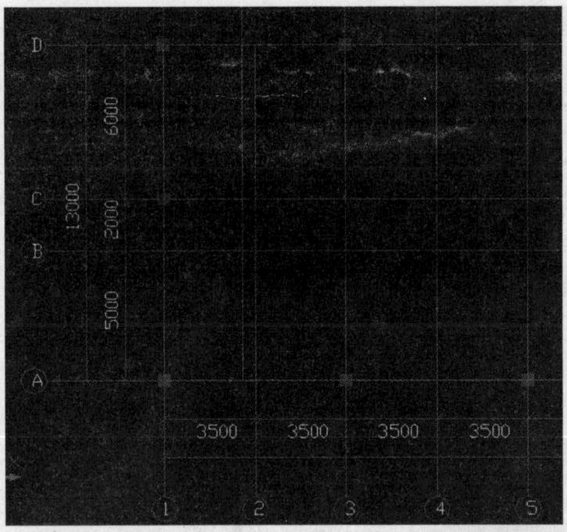

图 2-6　1KZ1

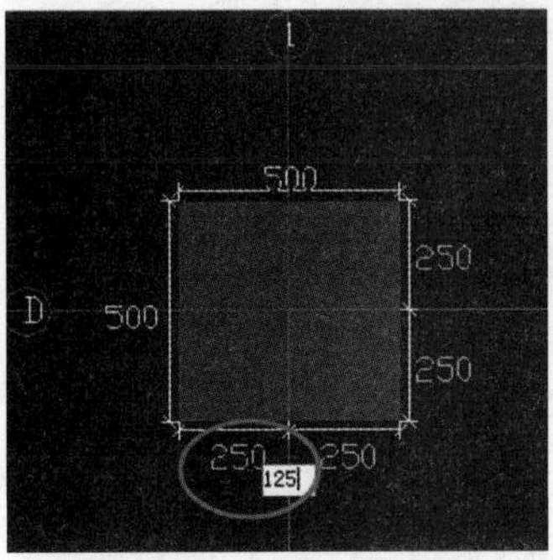

图 2-7　偏心设置

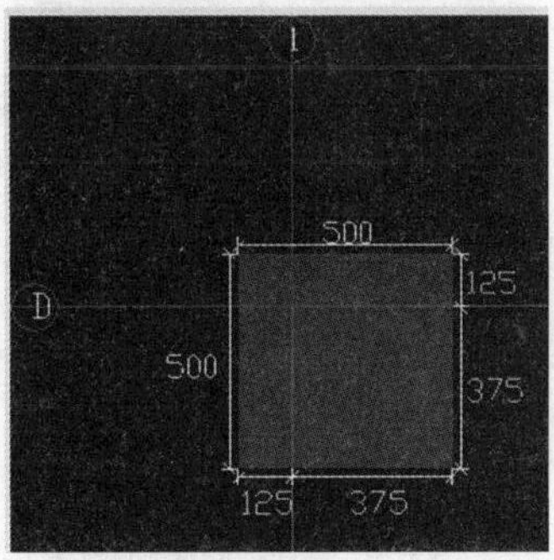

图 2-8　(1/D)交点 1KZ1

(6)用此方法对其他框架柱进行偏心设置。

(7)建立辅助轴线:单击工具栏中的“平行”按钮→选中⑤轴线(鼠标移近⑤轴线时,变为两个正方形),弹出“请输入”对话框(见图 2-9)→输入偏移距离,向右为正,向左为负,此时应输入 2 500→单击“确定”按钮。

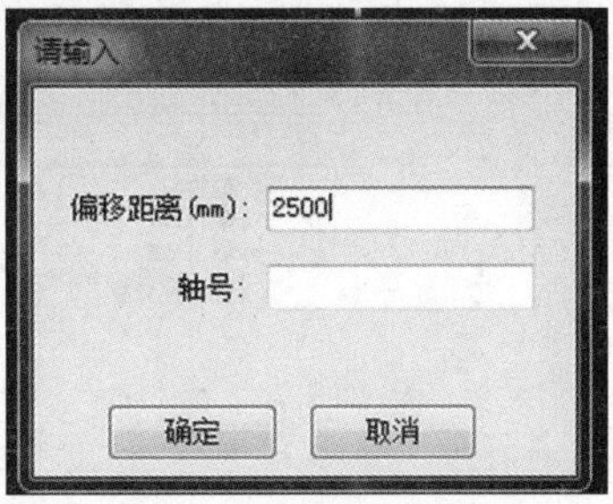

图 2-9　“请输入”对话框

(8)镜像:单击工具栏中的“镜像”按钮→拉框选择所有的框架柱→单击鼠标右键确认→单击辅助轴线和Ⓓ轴线的交点→单击辅助轴线和Ⓐ轴线的交点→弹出“确认”对话框,确认是否删除原来的图元,选择“否”。

(9)同时按下【shift + Z】键,可显示柱子信息,初步绘制好的首层框架柱如图 2-10 所示。

(10)通过观察图纸,发现部分柱子的标注有特殊标注,比如(1/D)轴相交处、(5/D)轴相交处等共有 7 处柱子的箍筋是整根均加密的,因此需要对其进行修改,方法如下:

单击“定义”→右键单击构件列表下的 1KZ1(如图 2-11 所示),出现快捷菜单→选择“复制”,构件列表下自动出现一个名为 1KZ1 - 1 的构件→修改 1KZ1 - 1 的属性,仅将箍筋修改为 A8 - 100 即可,如图 2-12 所示,右键单击构件列表下的 1KZ2→选择“复制”,构件列表下出现 1KZ2 - 1→修改 1KZ2 - 1 中箍筋的属性为 A8 - 100。

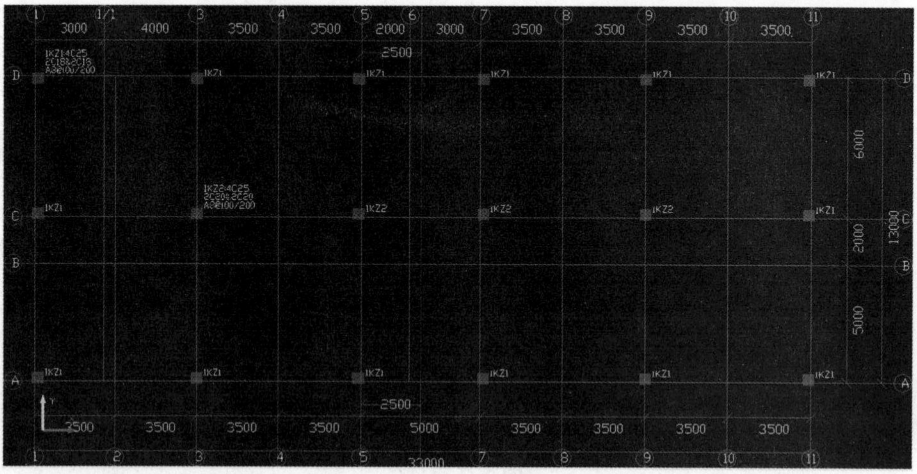

图 2-10　首层框架柱(初始)

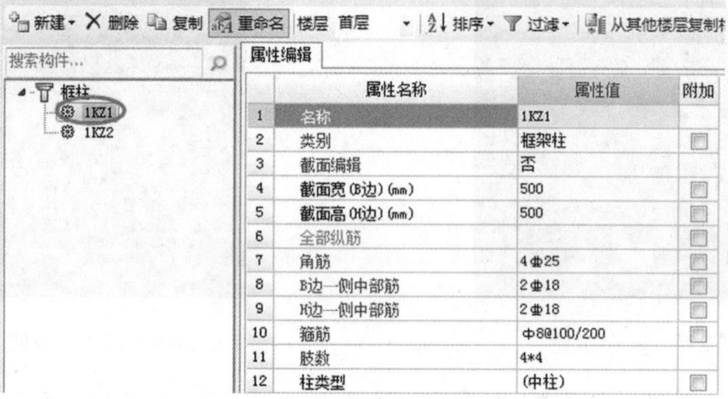

	属性名称	属性值	附加
1	名称	1KZ1	
2	类别	框架柱	
3	截面编辑	否	
4	截面宽(B边)(mm)	500	
5	截面高(H边)(mm)	500	
6	全部纵筋		
7	角筋	4ф25	
8	B边一侧中部筋	2ф18	
9	H边一侧中部筋	2ф18	
10	箍筋	ф8@100/200	
11	肢数	4*4	
12	柱类型	(中柱)	

图 2-11　复制构件

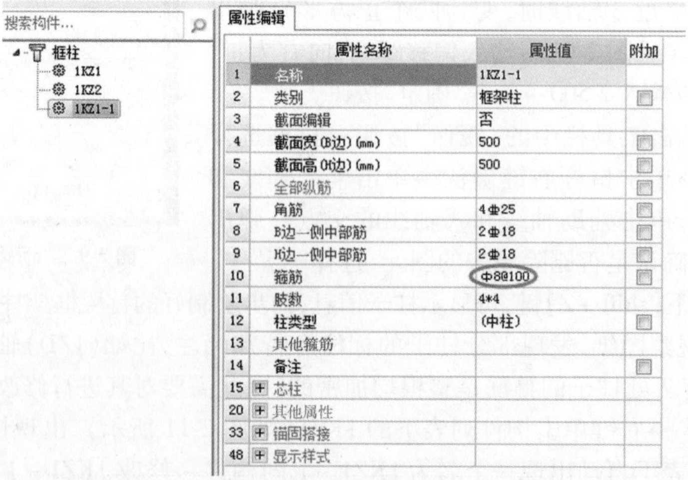

	属性名称	属性值	附加
1	名称	1KZ1-1	
2	类别	框架柱	
3	截面编辑	否	
4	截面宽(B边)(mm)	500	
5	截面高(H边)(mm)	500	
6	全部纵筋		
7	角筋	4ф25	
8	B边一侧中部筋	2ф18	
9	H边一侧中部筋	2ф18	
10	箍筋	ф8@100	
11	肢数	4*4	
12	柱类型	(中柱)	
13	其他箍筋		
14	备注		
15	+ 芯柱		
20	+ 其他属性		
33	+ 锚固搭接		
48	+ 显示样式		

图 2-12　1KZ1 - 1 的属性

单击“绘图”进入绘图界面，分别选中如图 2-13 所示的 1KZ1→右键单击任意处→单击“修改构件图元名称”，出现“修改构件图元名称”对话框→选择“目标构件”为 1KZ1－1，如图 2-14 所示→单击“确定”按钮。

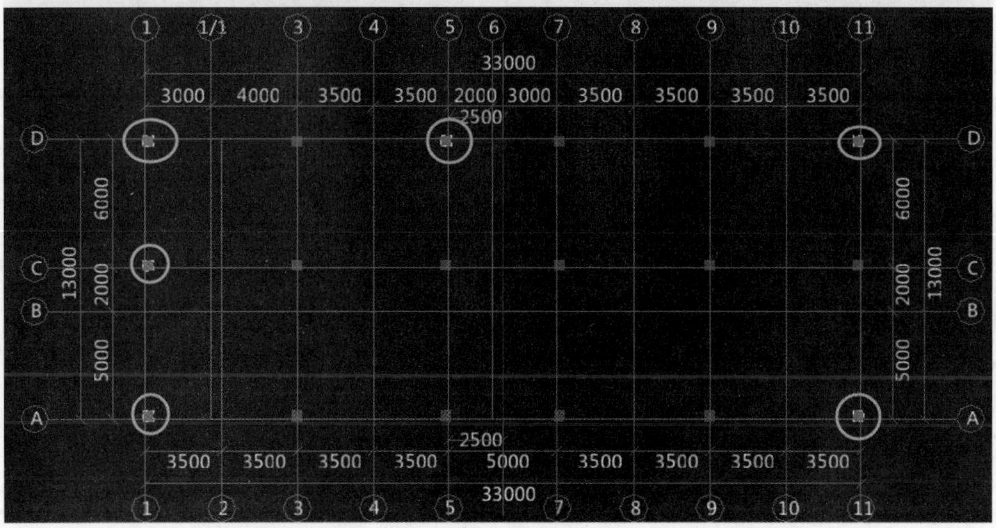

图 2-13　选中需要修改的图元

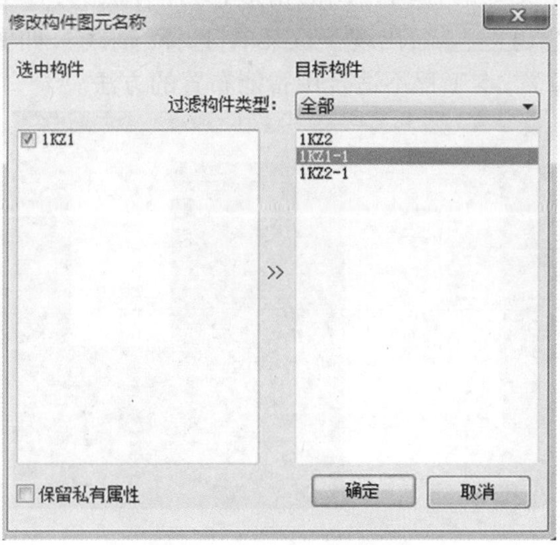

图 2-14　修改构件图元名称

左键单击(5/C)轴线交点处的 1KZ2→右键单击任意处→单击“修改构件图元名称”，出现“修改构件图元名称”对话框→选择“目标构件”为 1KZ2－1→单击“确定”按钮。

最终绘制好的框架柱如图 2-15 所示。

【知识扩展】

(1)在绘制图元的过程中，注意利用屏幕下方的命令提示行，按照软件的提示进行操作。

(2)柱子的绘制可以用“点”绘制方法，也可以用“智能布置”的方法，“智能布置”多

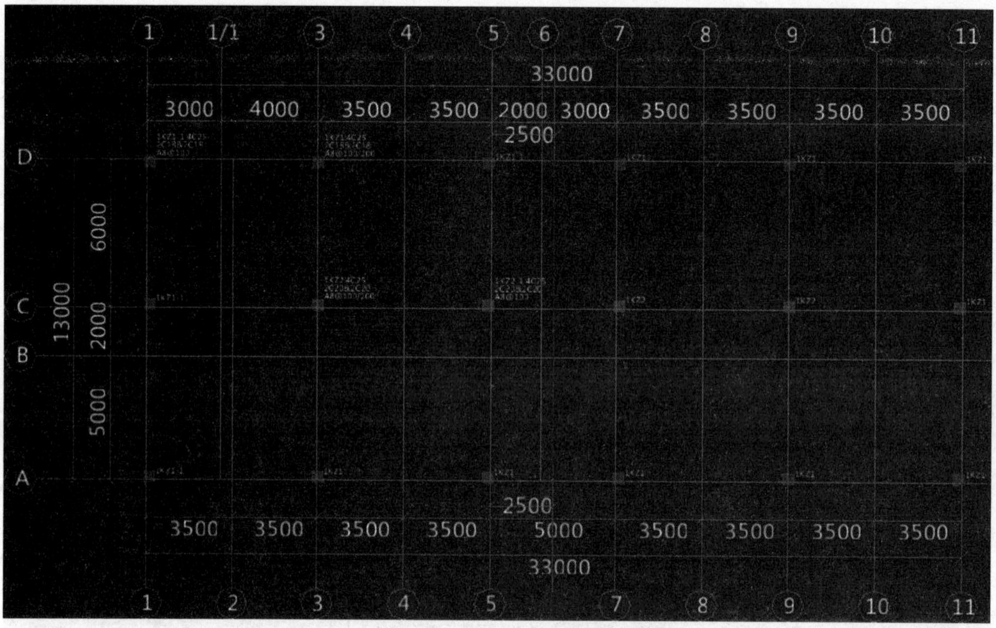

图 2-15 首层框架柱

用于图中某区域轴线相交处的柱均相同的情形,具体方法为:在工具栏中选择“智能布置”,出现下拉菜单,选择“轴线”,如图 2-16 所示,拉框选择需要布置柱子的轴线位置;本工程不适合用智能布置的方法。

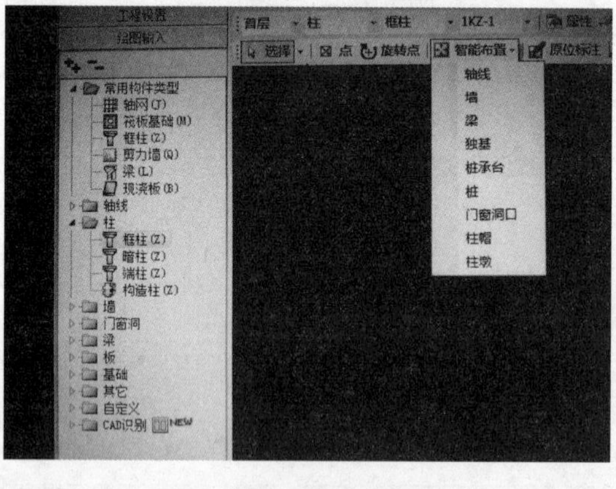

图 2-16 “柱”智能布置

(3)设置偏心柱可以使用“绘图”菜单栏中的“查改标注”,也可以直接单击工具栏中的“查改标注”按钮,还可以用鼠标左键选中图元→单击工具栏中的“属性”按钮,出现“属性编辑器”对话框→在属性编辑器的参数图中进行修改。

(4)如果需要修改已经绘制好的图元的名称,如本工程中(1/D)轴线位置的 1KZ1 在绘制的过程中不小心绘制成了 1KZ2,可以采用下列三种方法:

第一种:删掉,重新绘制。

第二种:左键选中(1/D)交点处的框架柱→单击工具栏中的“属性”按钮,打开“属性编辑器”对话框→点击“名称”右侧的区域,点击倒三角展开下拉菜单→选择 1KZ1(见图 2-17左)→弹出“确认”对话框,点击“确认”。

第三种:左键选中(1/D)交点处的框架柱→右键单击→单击“修改构件图元名称”,出现“修改构件图元名称”对话框,选择需要的“目标构件”(见图 2-17 右)→单击“确定”按钮。

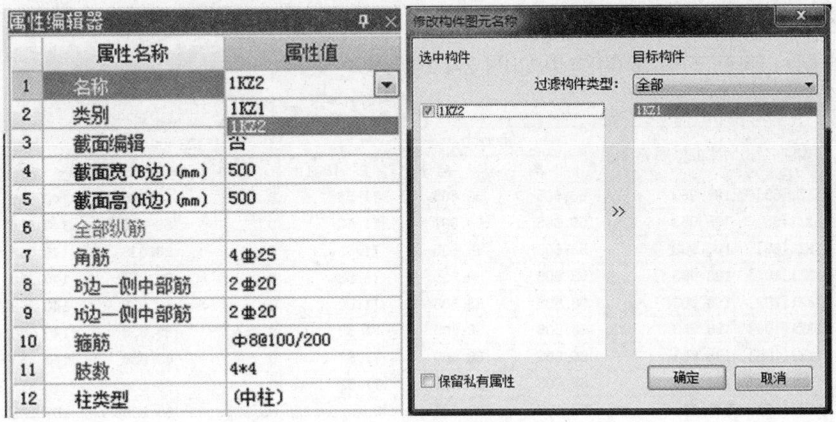

图 2-17　修改构件图元

(5)构件图元名称显示:

第一种方法:按【shift + 快捷键】,如框架柱的名称显示,同时按下【shift + Z】。

第二种方法:单击菜单栏中的“视图”→单击“构件图元显示设置”→右侧一栏是“构件图元名称显示”,勾选相应的图元即可,如图 2-18 所示。

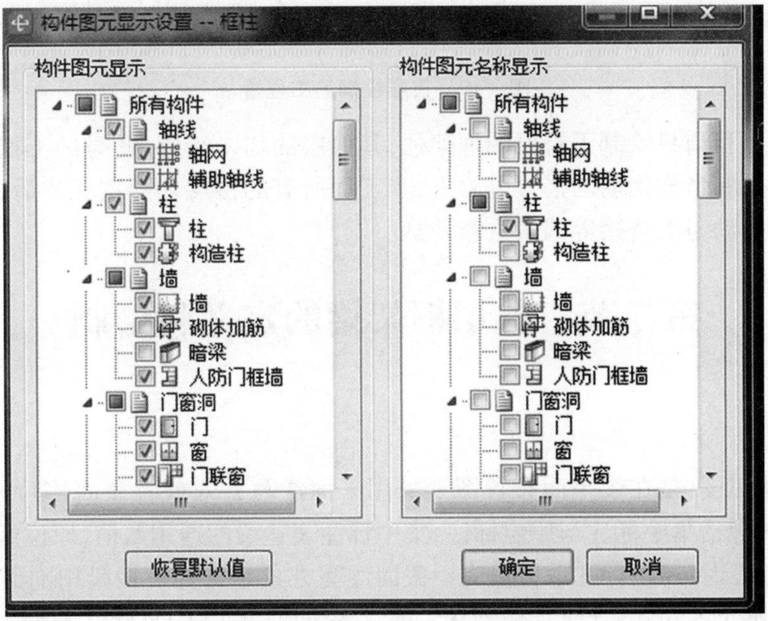

图 2-18　构件图元名称显示设置

四、查看工程量

（1）单击工具栏中的“汇总计算” 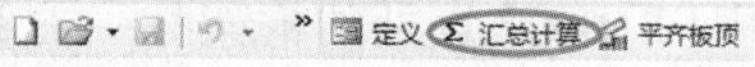 ，弹出“汇总计算”对话框，软件默认为首层工程量的计算→单击“计算”→单击“确定”按钮。

（2）单击“查看工程量”→拉框选择所有的框架柱，在绘图区域的下方会出现“钢筋总质量“表格。

（3）首层柱钢筋工程量的结果如图 2-19 所示。

钢筋总质量(kg) ：3847.054

	构件名称	钢筋总质量(kg)	HPB300		HRB400			
			8	合计	18	20	25	合计
1	1KZ1[80]	198.963	58.605	58.605	71.52	0	68.838	140.358
2	1KZ1[88]	198.963	58.605	58.605	71.52	0	68.838	140.358
3	1KZ1[89]	198.963	58.605	58.605	71.52	0	68.838	140.358
4	1KZ1[101]	198.963	58.605	58.605	71.52	0	68.838	140.358
5	1KZ1[102]	198.963	58.605	58.605	71.52	0	68.838	140.358
6	1KZ1[104]	198.963	58.605	58.605	71.52	0	68.838	140.358
7	1KZ1[108]	198.963	58.605	58.605	71.52	0	68.838	140.358
8	1KZ1[109]	198.963	58.605	58.605	71.52	0	68.838	140.358
9	1KZ2[93]	215.77	58.605	58.605	0	88.327	68.838	157.165
10	1KZ2[106]	215.77	58.605	58.605	0	88.327	68.838	157.165
11	1KZ2[107]	215.77	58.605	58.605	0	88.327	68.838	157.165
12	1KZ1-1[113	227.32	86.962	86.962	71.52	0	68.838	140.358
13	1KZ1-1[114	227.32	86.962	86.962	71.52	0	68.838	140.358
14	1KZ1-1[115	227.32	86.962	86.962	71.52	0	68.838	140.358
15	1KZ1-1[116	227.32	86.962	86.962	71.52	0	68.838	140.358
16	1KZ1-1[117	227.32	86.962	86.962	71.52	0	68.838	140.358
17	1KZ1-1[118	227.32	86.962	86.962	71.52	0	68.838	140.358
18	1KZ2-1[119	244.127	86.962	86.962	0	88.327	68.838	157.165
19	合计	3847.054	1253.382	1253.382	1001.28	353.309	1239.084	2593.673

图 2-19　首层柱钢筋工程量

说明：由于目前只绘制了首层的框架柱，其他层的均未绘制，此时的工程量并不是最终的结果，它没有考虑钢筋的搭接等因素，本工程所有的楼层均绘制完毕后，重新汇总计算，软件将会自动考虑搭接等因素重新计算。

第二节　首层框架梁的定义和绘制

一、识图

梁平法施工图，是在梁平面布置图上采用平面注写方式或者截面注写方式表达的。平面注写方式包括集中标注与原位标注，集中标注表达梁的通用数值，原位标注表达梁的特殊数值。施工时，原位标注取值优先。截面注写方式是选择一根梁用剖面符号引出配筋图，并注写截面尺寸和配筋具体数值。本工程同时采用平面标注与截面标注法，如图 2-20所示。

以首层的 1KL1（见图 2-20）为例，各字母及数字代表的含义如下。

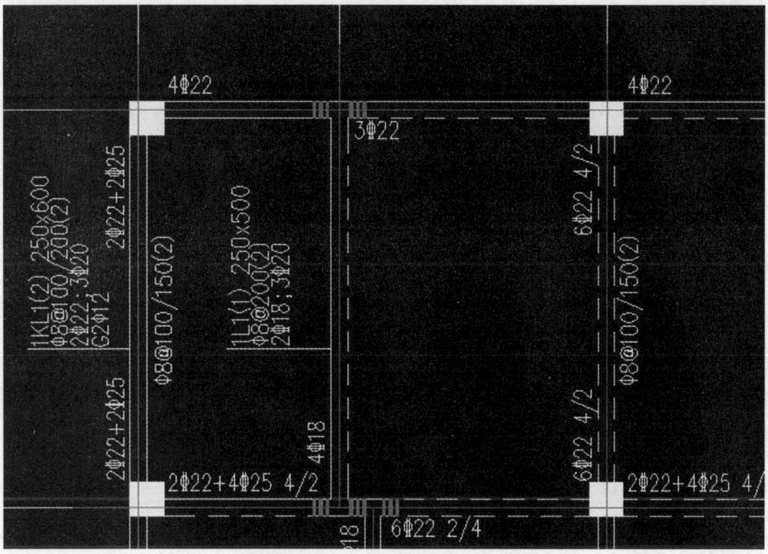

图 2-20　梁平法施工图

截面标注：

(1)1KL1(2)：1 层框架梁，两跨。

(2)250 × 600：梁的截面尺寸，B 边为 250 mm，H 边为 600 mm。

(3)Φ 8@ 100/200(2)：箍筋是直径为 8 mm 的一级钢筋，非加密区箍筋的间距为 200 mm，加密区箍筋的间距为 100 mm，双肢箍。

(4)2 Φ 22(上部通长筋)：梁的上部贯通筋是 2 根直径为 22 mm 的三级钢筋。

(5)3 Φ 20(下部通长筋)：梁的下部贯通筋是 3 根直径为 20 mm 的三级钢筋。

(6)G2 Φ 12(纵向构造筋)：梁的两侧布置 2 根直径为 12 mm 的一级构造钢筋，两侧各一根。

平面标注(原位标注)：

(1)2 Φ 22 +2 Φ 25(支座负筋)：梁的支座处有 2 根直径为 22 mm 的三级钢筋和 2 根直径为 25 mm 的三级钢筋，其中直径为 22 mm 的放在梁上部的两侧，直径为 25 mm 的放在梁上部的中间。

(2)Φ 8@ 100/150(2)：箍筋是直径为 8 mm 的一级钢筋，非加密区箍筋的间距为 150 mm，加密区箍筋的间距为 100 mm，双肢箍。

二、梁的属性定义

根据图纸“结施 11/16”中的“4. 45 标高梁平面配筋图”可知本工程首层梁有框架梁、普通梁。梁和其他构件一样都要先定义，然后进行梁的绘制和原位标注钢筋信息的输入。下面以 1KL1 为例，讲解框架梁的定义与绘制。

(一)一层框架梁的定义

(1)单击“模块导航栏”下“梁”前面的三角→单击“梁”→单击工具栏左上角的“定义”按钮，进入定义界面，或双击梁(L)进入定义界面。

(2)单击“新建”按钮,出现下拉菜单→单击“新建矩形梁”。

(3)在“属性编辑”中修改1KL1(2)的属性。

①名称:软件默认按照KL-1、KL-2的顺序生成,可根据实际情况修改,此处修改为“1KL-1(2)”或“1KL1(2)”均可。

②类别:点击梁类别属性值,输入框的右方会出现一个倒三角,可看到梁的类别有楼层框架梁、屋面框架梁、框支梁、非框架梁、井字梁、基础联系梁六种,不同类别的梁在计算时所用的规则不同,因此要根据施工图纸的情况正确输入,本工程为框架梁,软件默认为框架梁,不用修改。

③截面宽度和截面高度:1KL-1(2)的截面尺寸为250 mm×600 mm。

④轴线距梁左边线距离:轴线与梁的左边线之间的距离,也可理解为梁的中心线相对于轴线的偏移。此梁中心线与轴线重合,故按照软件默认,保留(125)。

⑤跨数量:输入名称后自动提取,或直接修改属性值为2。

⑥箍筋:输入梁的箍筋信息A8-100/200(2)。

⑦肢数:输入箍筋信息,属性值会自动提取,若箍筋信息不自动提取,可手动输入。

⑧上部通长筋:输入梁的配筋值2C22。

⑨下部通长筋:输入梁的配筋值3C20。

⑩侧面构造或受扭筋(总配筋值):格式为“G或N+数量+级别+直径”,输入梁的配筋值G2A12。

⑪拉筋:侧面构造或受扭筋输入后拉筋自行生成。

⑫其他箍筋:若无可不输入。

⑬其他属性、锚固搭接、显示样式等,如无特殊情况可不用调整。

定义好的1KL-1(2)的属性如图2-21所示。

	属性名称	属性值	附加
1	名称	1KL-1(2)	
2	类别	楼层框架梁	☐
3	截面宽度(mm)	250	☐
4	截面高度(mm)	600	☐
5	轴线距梁左边线距离(mm)	(125)	☐
6	跨数量	2	☐
7	箍筋	ф8@100/200(2)	☐
8	肢数	2	
9	上部通长筋	2⌀22	☐
10	下部通长筋	3⌀20	☐
11	侧面构造或受扭筋(总配筋值)	G2ф12	☐
12	拉筋	(ф6)	☐
13	其他箍筋		
14	备注		☐
15	＋其他属性		
23	＋锚固搭接		
38	＋显示样式		

图2-21　1KL-1(2)的属性

(4)按照同样的方法定义其他框架梁,如图 2-22 所示为 1KL－7(5)的属性。

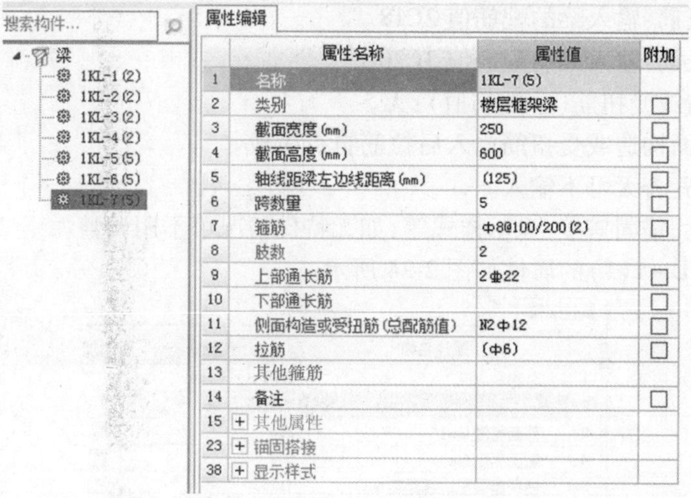

图 2-22　1KL－7(5)的属性

【知识扩展】

(1)在定义其他框架梁时,可以按照定义 1KL－1(2)的步骤,也可以右键单击 1KL1 的名称,如图 2-23 所示→选择"复制"(也可以单击 1KL1 的名称右上角的复制),软件自动生成名称为 1KL－1(2)－1 的框柱→单击 1KL－1(2)－1→修改名称为 1KL－2(2),此时只需要修改 1KL－1 与 1KL2 不相同的属性即可,这样可提高作图效率。

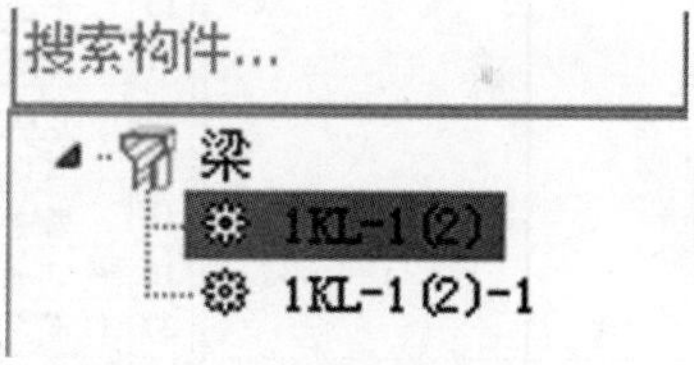

图 2-23　梁属性快速复制

(2)如果定义普通梁(以 L 开头的梁),此类别属性值为"非框架梁",如果定义屋面框架梁(以 WKL 开头的梁),此类别自动识别为"屋面框架梁"。

(3)如果框架梁与非框架梁相交,有次梁加筋的情况,需要先输入次梁宽度,次梁加筋的根数应为两边的根数之和。

(二)一层非框架梁的定义

新建非框架梁的方法与新建框架梁的方法基本相同。

(1)单击"新建"按钮,出现下拉菜单→单击"新建矩形梁"。

(2)在"属性编辑"中修改 1L－1 的属性。

①名称:根据图纸情况,此处修改为"1L－1(1)"或"1L1(1)"均可。

②类别:点击梁类别属性值中的倒三角,选择非框架梁。

③截面宽度和截面高度:1L－1(1)的截面尺寸为 250 mm×500 mm,宽度和高度分别输入 250 mm、500 mm。

④轴线距梁左边线距离:软件默认,保留(125)。

⑤跨数量:输入名称后自动提取,或直接修改属性值为 1。

⑥箍筋:输入梁的箍筋信息 A8－200(2)。

⑦肢数:输入箍筋信息,属性值会自动提取。

⑧上部通长筋:输入梁的配筋值 2C18。

⑨下部通长筋:输入梁的配筋值 3C20。

⑩侧面构造或受扭筋(总配筋值):无。

⑪拉筋:侧面构造或受扭筋输入后拉筋自行生成。

⑫其他箍筋:若无可不输入。

⑬其他属性、锚固搭接、显示样式等:如无特殊情况可不用调整。

定义好的 1L－1(1)的属性如图 2-24 所示。

属性编辑

	属性名称	属性值	附加
1	名称	1L-1(1)	
2	类别	非框架梁	☐
3	截面宽度(mm)	250	☐
4	截面高度(mm)	500	☐
5	轴线距梁左边线距离(mm)	(125)	☐
6	跨数量	1	☐
7	箍筋	Φ8@200(2)	☐
8	肢数	2	
9	上部通长筋	2Φ18	☐
10	下部通长筋	3Φ20	☐
11	侧面构造或受扭筋(总配筋值)		☐
12	拉筋		☐
13	其他箍筋		
14	备注		☐
15	⊞ 其他属性		
23	⊞ 锚固搭接		
38	⊞ 显示样式		

图 2-24　1L－1(1)的属性

(3)按照同样的方法定义本层其他非框架梁。

三、梁的绘制

根据图纸"结施 11/16"中的"4.45 标高梁平面配筋图",在相应的位置绘制首层各类别的梁。依据"先主梁后次梁、向上后下、先左后右"的原则,采用最常用的直线绘制方法,以 1KL－1 为例,具体步骤如下:

(1)单击工具栏左上方的"绘图"按钮

,进入绘图界面。

(2)在"构件工具条"上选择框梁为 1KL－1(2),如图 2-25 所示。

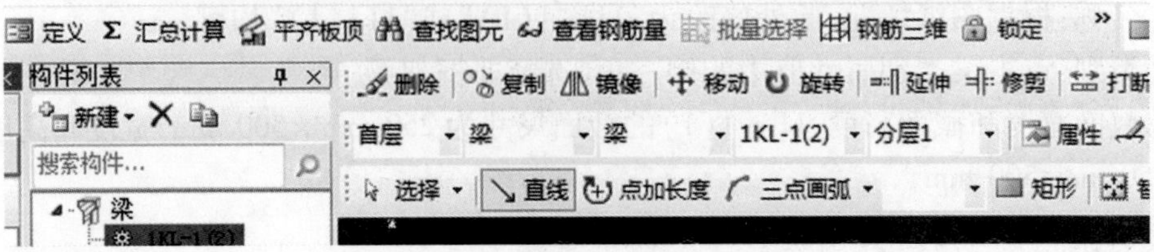

图 2-25　选择 1KL－1(2)

（3）单击“直线”按钮→单击（1/A）交点（当鼠标移至轴线交点时，光标会变成“十”字）→单击（1/D）交点，绘制好的1KL－1（2）如图2-26所示。

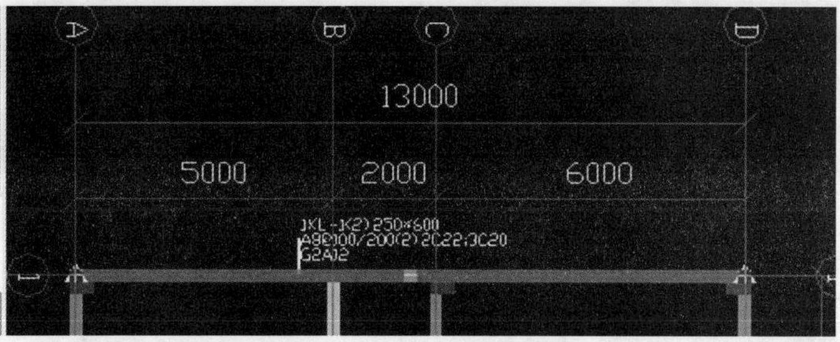

图2-26　1KL－1（2）

【知识扩展】

（1）对齐功能的使用：单击“对齐”命令，先选择对齐的边线，再选择梁上侧边线，对齐成功，此功能多应用于轴线与柱的中心线重合，但梁以柱的边线为界时梁的位置的调整。

（2）在布置梁时也可采用智能布置功能：轴线、墙轴线、墙中心线、条基轴线、条基中心线等。

四、梁的原位标注

梁的绘制只对集中标注的信息进行输入，还需输入原位标注的信息。未进行原位标注或重提梁跨，不能准确计算梁的钢筋量。

在GGJ2013中，使用原位标注、重提梁跨、批量识别梁支座等三种方式都可以实现重提梁跨的功能，如图2-27所示。

图2-27　实现重提梁跨的功能

注意：（1）没有原位标注的梁，可采用重提梁跨。

（2）有原位标注的梁，可输入原位标注信息。

梁的原位标注有支座钢筋、跨中筋、下部钢筋、架立筋、次梁加筋。下面以本工程较为特殊的1KL－1为例，完成梁的原位标注。

（1）单击“原位标注”按钮→点击1KL－1（2），如图2-28所示。

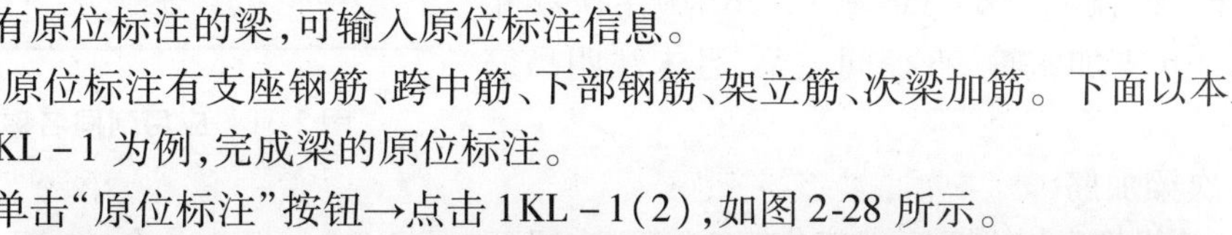

图2-28　1KL－1（2）的梁平法绘图输入

（2）在原位标注输入框中输入“1跨左支座筋”：2C22＋2C25，单击【Enter】键确定，自动跳转到下一个1跨跨中筋、1跨右支座筋、1跨下布筋；同理，输入2跨左支座筋2C22＋2C25、2跨右支座筋2C22＋2C25、2跨下部筋A8@100/150（2）；输入下部筋时点击右侧的箭头修改箍筋数据,结果如图 2-29 所示。也可在下方显示的梁平法表格中输入钢筋信息,如图 2-30 所示。

图 2-29　1KL－1(2)的梁平法绘图输入结果

上通长筋	上部钢筋			下部钢筋	
	左支座钢筋	跨中钢筋	右支座钢筋	下通长筋	下部钢筋
2Φ22	2Φ22+2Φ25			3Φ20	
	2Φ22+2Φ25		2Φ22+2Φ25		

图 2-30　1KL－1(2)的梁平法表格输入

本工程中的 1KL－5 较为复杂,其跨数为 5,但系统自动识别 10 个支座,故应用重提梁跨中的删除支座功能,以实现重提梁跨的目的。单击"删除支座"→点击要删除的支座→单击"确定"按钮。

【知识扩展】

应用同名梁:输完某一梁的钢筋信息后,需要把该梁的钢筋信息应用到其他同名称的梁上。

步骤为:选择已经输完钢筋信息的梁图元→单击"应用到同名称梁",出现选择范围界面,如图 2-31 所示。选择"所有同名称的梁",单击"确定"按钮即可。

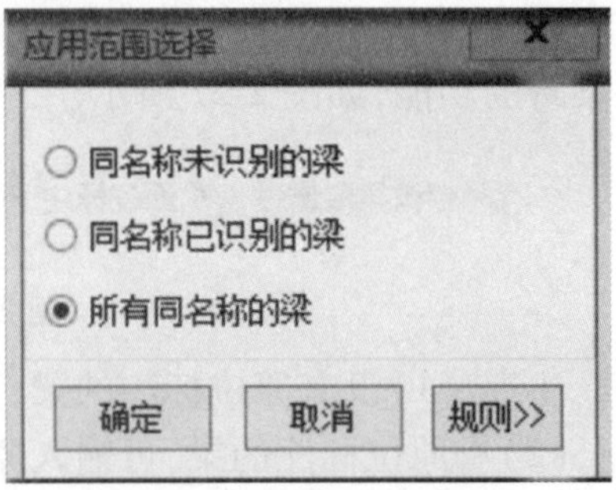

图 2-31　应用到同名称梁

五、梁的吊筋及加筋

本工程"结施 11/16""结施 12/16"中主次梁相交处标注有 6 支加密箍,直径同主梁,且未注明吊筋均为 2C16。

(一)次梁加筋

在"计算设置"中的框架梁部分第 26 条"次梁两侧共增加箍筋数量"处根据图纸要求输入"6"即可,如图 2-32 所示。

26	— 次梁两侧共增加箍筋数量	6

图 2-32　次梁两侧共增加箍筋数量设置

(二)自动生成吊筋

该过程必须先提取梁跨后,才能使用自动生成吊筋功能。步骤如下:

(1)在绘图工具栏中单击“自动生成吊筋”,弹出对话框,如图 2-33 所示。

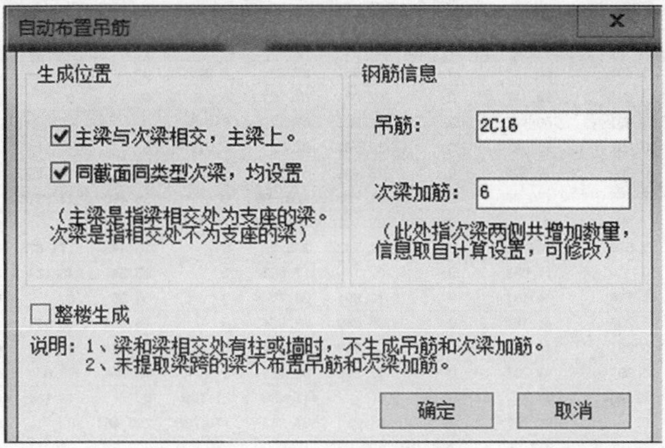

图 2-33　自动生成吊筋设置

(2)输入信息:生成位置处的方框全部打钩(依据工程情况),钢筋信息:吊筋处输入“2C16”,次梁加筋处输入“6”,输入完成单击“确定”按钮。

(3)选择要生成吊筋的梁,单击右键即可,利用查改吊筋工程修改箍筋及吊筋信息,如图 2-34 所示。

图 2-34　信息修改

六、查看工程量

(1)单击工具栏中的“汇总计算” 

,弹出“汇总计算”对话框,软件默认为首层工程量的计算→单击“计算”→单击“确定”按钮。

(2)单击“查看工程量”→单击“批量选择”,如图 2-35 所示,可选择全部梁,也可选择某一个构件,在绘图区域的下方会出现所选梁的“钢筋总质量”表格。

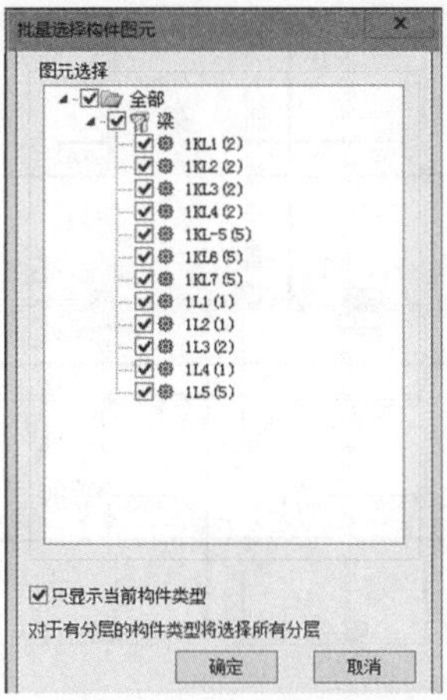

2-35　首层梁钢筋工程量

(3)首层梁的钢筋工程量的结果如图 2-36 所示。

钢筋总质量(kg)：7 292.375

	构件名称	钢筋总质量(kg)	HPB300					HRB400					
			6	8	10	12	合计	16	18	20	22	25	合计
1	1KL1[122]	352.556	3.491	60.747	0	22.981	87.22	0	0	102.258	82.606	80.473	265.336
2	1KL2[124]	456.361	3.491	60.747	0	22.981	87.22	8.045	0	0	193.813	167.283	369.141
3	1KL2[134]	456.361	3.491	60.747	0	22.981	87.22	8.045	0	0	193.813	167.283	369.141
4	1KL2[138]	456.361	3.491	60.747	0	22.981	87.22	8.045	0	0	193.813	167.283	369.141
5	1KL3[136]	442.198	3.491	60.747	0	22.981	87.22	8.045	0	0	181.19	165.743	354.978
6	1KL4[140]	330.012	3.006	57.409	0	22.981	83.397	0	0	102.258	144.357	0	246.615
7	1KL5[142]	853.311	7.855	150.866	0	61.783	220.505	0	36.492	174.876	421.438	0	632.806
8	1KL6[144]	1522.007	7.855	0	255.218	59.141	322.215	24.136	0	0	931.459	244.198	1199.792
9	1KL7[150]	867.825	9.019	164.217	0	61.783	235.02	0	36.492	174.876	421.438	0	632.806
10	1L1[156]	97.361	0	17.657	0	0	17.657	0	33.54	46.164	0	0	79.704
11	1L2[162]	138.485	1.746	24.131	0	12.894	38.77	0	34.65	0	65.065	0	99.715
12	1L3[166]	249.032	3.297	41.787	0	23.869	68.954	0	78.964	98.034	0	3.08	180.078
13	1L3[168]	249.032	3.297	41.787	0	23.869	68.954	0	78.964	98.034	0	3.08	180.078
14	1L3[170]	249.032	3.297	41.787	0	23.869	68.954	0	78.964	98.034	0	3.08	180.078
15	1L4[172]	78.763	11.489	0	0	0	11.489	21.109	0	46.164	0	0	67.273
16	1L5[179]	493.678	0	94.267	0	0	94.267	170.868	225.464	0	0	3.08	399.412
17	合计	7292.375	68.32	937.643	255.218	405.098	1666.28	248.294	603.53	940.7	2828.991	1004.581	5626.095

图 2-36　首层梁的钢筋工程量

第三节　首层板的定义和绘制

一、板的识图

板的标注有平法标注和传统标注两种方式。

板平面注写(平法标注)主要包括板块集中标注和板支座原位标注。板块集中标注的内容为板块编号、板厚、贯通钢筋及当板面标高不同时的标高高差,板支座原位标注的内容为板支座上部非贯通纵筋和悬挑板上部受力钢筋。板平法标注的详细标注做法参见 11G101－1 图集。

本工程板采用的是传统标注方法。现浇板配筋如图 2-37 所示。

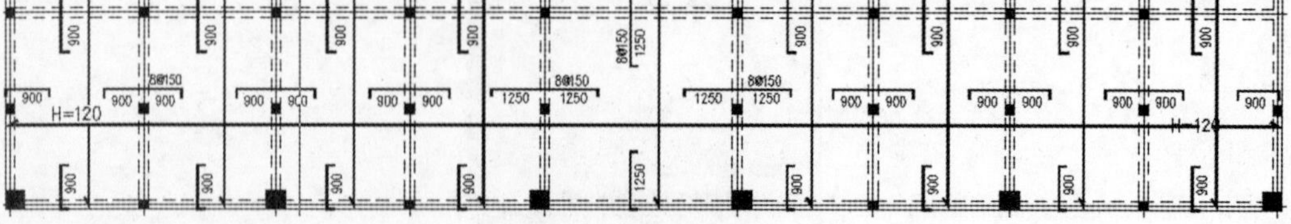

图 2-37　现浇板配筋

传统标注方法中板厚在每块板的中间位置原位标注。如在板中标注 H=130 ,指的是此块板的厚度为 130 mm。本工程中板的厚度均为 120 mm,所以无须在每块板中原位标注,直接在图名处注释“图中未注明板厚均为 120 mm”即可。

传统标注方法中板标高的标注,一般在图名上都有标注。如本工程中图名中标注的为“4. 45 标高结构布置及现浇板配筋图”,指的是首层板顶标高为 4. 45 m。特殊位置如卫生间的标高一般低于此标高,这种情况下在特殊位置直接原位标注。如在卫生间板上标注“ -0. 05 m”,指的是卫生间处板的标高低于楼面标高 0. 05 m。本工程中在注释中直接写明了“卫生间板面标高低于楼面 0. 050 m”。

传统标注方法中板底部钢筋的标注:传统标注方法中要画出 *X* 方向和 *Y* 方向的底筋,并且要标出配筋种类和间距。本工程中底筋种类全部为ф 8,间距为 200 mm。

传统标注中支座负筋的标注:对于支座负筋在传统标注中要画出带弯折的图,并标出配筋的数值、间距和长度,而且长度也必须标出具体位置(到梁轴线或到梁内边线),如果支座两边的长度相同,都需要标注。需要注意的是,分布筋在图纸中是没有显示的,一般在附录Ⅱ结构设计说明及其图纸中有明确的说明,本工程中支座筋的分布筋、单向板底筋的分布筋,除注明外均为ф 8@200。

二、板的属性定义

从“结施 8/16”中的“7. 95 标高结构布置及现浇板配筋图”中可以看出,板要计算底筋、负筋、分布筋及马凳筋。在钢筋软件中,完整的板构件由现浇板、板筋(包含受力筋及负筋)组成。因此,用软件计算时要先画板,然后布置各种钢筋。板的属性定义包括现浇板的定义、板受力筋的定义、板负筋的定义。

(一)现浇板的定义

根据图纸可知,本工程只有厚度为 120 mm 的现浇板,现浇板的属性定义过程如下:

(1)单击“模块导航栏”下“板”前面的三角使其展开→单击“现浇板”→单击工具栏左上角的“定义”按钮,进入定义界面。

(2)单击“新建”按钮,出现下拉菜单→单击“新建现浇板”。

(3)在“属性编辑”中修改现浇板的属性。

①名称:软件默认按照 B-1、B-2 的顺序自动生成名称。可根据实际情况修改,此处因板的厚度为 120 mm,所以修改为“B-120”。

②厚度:根据图纸中标注的厚度输入,图中板的厚度均为 120 mm,在此输入“120”即可。

③顶标高:板的顶标高,根据实际情况输入。一般情况下,图中未注明标高时板顶标高即为默认的“层顶标高”,本工程按照默认层顶标高即可。图纸中⑤~⑥轴/Ⓒ~Ⓓ轴之间的卫生间处的板低于楼面 0. 050 m。此种情况下有两种方法可以处理:第一种方法在编辑属性时在“层顶标高”处输入“4. 40”或者“层顶标高 -0. 05”;第二种做法是绘制完板后,单击“查改标高”按钮,将此块板的标高修改为 4. 40 m 即可。本工程采用第二种方法,在板绘制中说明具体做法。

④马凳筋参数图：根据实际情况选择相应的形式，输入参数。软件内置的马凳筋的形式和参数如图 2-38 所示。

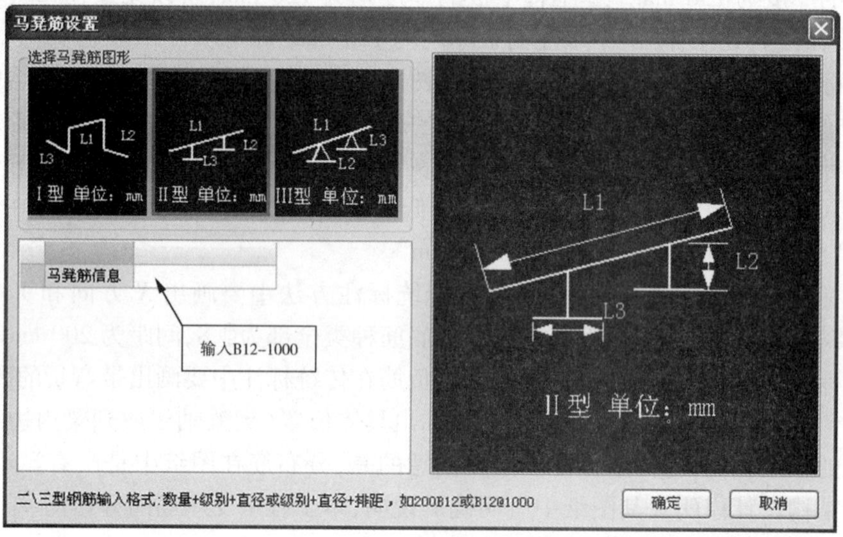

图 2-38 马凳筋设置

本工程中没有明确马凳筋的形式，按照板中常用的马凳筋形式即Ⅱ型马凳筋进行输入，马凳筋信息输入“B12 – 1000”。L_1 = 1 000 mm，L_2 = 120 – 15（保护层厚度）×2 – 8（底筋直径最大值）– 8（面筋直径最大值）– 12×2（L_1、L_3 直径）= 50 mm，L_3 = 200（底筋间距）+50（每边宽出 50）×2 = 300 mm。

⑤马凳筋信息：软件会根据马凳筋参数图定义时输入的信息自动生成，无须填写。

⑥拉筋：本工程不涉及拉筋。

定义好的 B – 120 的属性如图 2-39 所示。

属性编辑

	属性名称	属性值	附加
1	名称	B-120	
2	混凝土强度等级	(C30)	□
3	厚度(mm)	120	□
4	顶标高(m)	层顶标高	□
5	保护层厚度(mm)	(15)	□
6	马凳筋参数图	II 型	
7	马凳筋信息	⌀12@1000	□
8	线形马凳筋方向	平行横向受力筋	□
9	拉筋		□
10	马凳筋数量计算方式	向上取整+1	□
11	拉筋数量计算方式	向上取整+1	□
12	归类名称	(B-120)	□
13	汇总信息	现浇板	□
14	备注		□
15	+ 显示样式		

图 2-39 马凳筋的属性定义

（二）板受力筋的定义

根据图纸可知，本工程底筋均为直径为 8 mm 的三级钢筋，间距为 200 mm。板受力筋的定义过程如下：

（1）单击“模块导航栏”下“板”前面的三角使其展开→单击“板受力筋（S）”→单击工具栏左上角的“定义”按钮

，进入定义界面。

（2）单击“新建”按钮，出现下拉菜单→选择“新建板受力筋”。

（3）在“属性编辑”中修改板受力筋的属性。

①名称：图纸中没有定义板受力筋的名称。可以根据实际情况输入较容易辨认的名称，本工程按照钢筋信息输入“C8－200”。

②钢筋信息：按照图中钢筋信息输入“C8－200”。

③类别：在软件中可以选择底筋、面筋、中间层筋和温度筋，在此可以选择底筋。

④左弯折和右弯折：按照实际情况输入受力筋的端部弯折长度。软件默认为 0，表示按照计算设置中默认的“板厚－2×保护层厚度”来计算弯折长度。此处会关系钢筋计算结果，如果图纸中没有特殊说明，不需要修改，本工程不用修改。

⑤钢筋锚固和钢筋搭接：取楼层设置中设定的初始值，可以根据实际图纸情况进行修改，本工程此处不用修改。

⑥长度调整：在此处可以对钢筋的长度进行调整，本工程此处不输入。

定义好的板受力筋（C8@200）的属性如图 2-40 所示。

属性编辑

	属性名称	属性值	附加
1	名称	C8@200	
2	钢筋信息	⌀8@200	☐
3	类别	底筋	☐
4	左弯折(mm)	(0)	☐
5	右弯折(mm)	(0)	☐
6	钢筋锚固	(35)	
7	钢筋搭接	(49)	
8	归类名称	(C8@200)	☐
9	汇总信息	板受力筋	☐
10	计算设置	按默认计算设置计算	
11	节点设置	按默认节点设置计算	
12	搭接设置	按默认搭接设置计算	
13	长度调整(mm)		☐
14	备注		☐
15	+ 显示样式		

图 2-40　板受力筋的属性

（三）板负筋的定义

从图纸上可以看出，板负筋种类比较多，而且负筋的布置也没有规律可循，因此在定义时很容易出现漏定义负筋的情况，为了保证定义的准确性和完整性，需要对板负筋进行编号，利用编好的序号对负筋进行定义。编好序号的首层板负筋信息如图 2-41 所示。

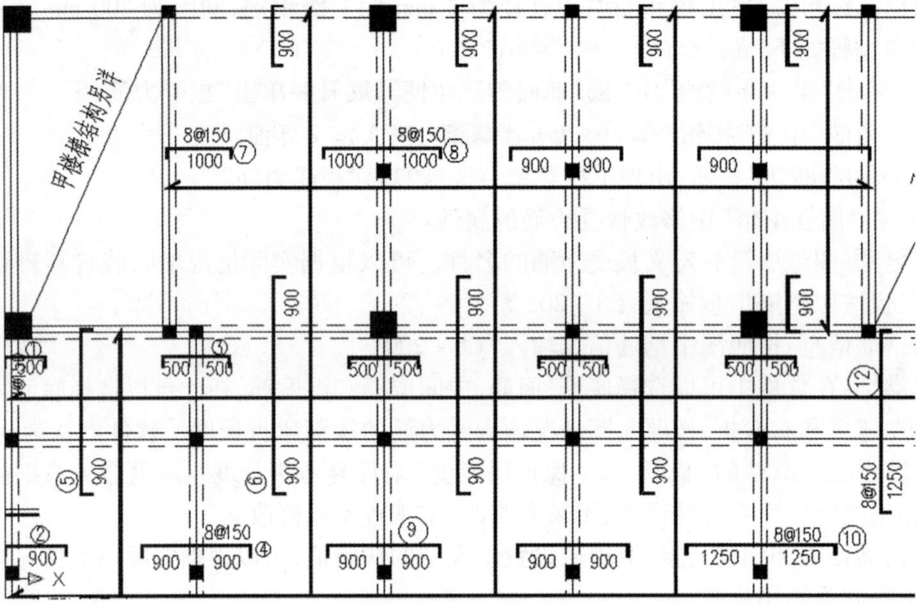

图 2-41　板负筋的编号

负筋编好号之后，观察图纸发现负筋有三种：端支座处的负筋、中间支座处的负筋、跨板负筋。对于不同的负筋在定义时是不一样的，支座处的负筋直接在“板负筋”中定义。而对于跨板的负筋，如 5 号、6 号和 12 号，在软件中没有跨板负筋，需要在“跨板受力筋”中定义。具体的定义步骤如下。

1. 板负筋的定义

根据编号，本工程有 9 种标号支座负筋，包括 4 种端支座负筋和 5 种中间支座负筋。端支座负筋和中间支座负筋属性编辑的内容稍有不同，我们选取“1 号负筋”和“3 号负筋”进行定义，其他端支座负筋的定义和“1 号负筋”一样，其他中间支座负筋的定义和“3 号负筋”一样，在此不再赘述。

首先对“1 号负筋”进行定义：

(1) 单击“模块导航栏”下“板”前面的三角使其展开→单击“板负筋(F)”→单击工具栏左上角的“定义”按钮“定义”，进入定义界面。

(2) 单击“新建”按钮，出现下拉菜单→选择“新建板负筋”。

(3) 在“属性编辑”中修改板负筋的属性。

①名称：填写“1 号负筋”。

②钢筋信息：图纸中有说明“未注明板筋为“Φ 8@200”，所以此处输入“C8－200”即可。

③左标注和右标注：根据图纸左标注为 0，右标注为 500 mm。

④马凳筋排数：软件中默认的马凳筋排数为 1/1，需要根据实际情况修改。马凳筋排数和负筋左、右标注是对应的。本工程中，在定义现浇板时，马凳筋的间距为 1 000 mm。

对于“1 号负筋”,左标注为 0,所以左侧马凳筋的数量为 0;右标注为 500 mm,设置一根马凳筋,所以右侧马凳筋的数量为 1。此处马凳筋排数应当输入“0/1”。

⑤单边标注位置:软件中可供选择的单边标注位置有“支座内边线”“支座外边线”“支座中心线”等。根据图纸中的说明,“1 号负筋”按照默认的支座内边线。

⑥分布钢筋:负筋的分布筋在附录Ⅱ结构设计说明及其图纸中明确为ф 8@ 200,在此输入“A8 - 200”。

定义好的“1 号负筋”的属性如图 2-42 所示。

“3 号负筋”为中间支座负筋,和端支座负筋的定义基本相同。不同的是,端支座负筋是单边标注,而中间支座负筋是非单边标注。在属性编辑中,“3 号负筋”的“非单边标注是否含支座宽”需要根据情况输入,根据图纸,选择“否”。定义好的“3 号负筋”的属性如图 2-42所示。

属性编辑

	属性名称	属性值	附加
1	名称	1号负筋	
2	钢筋信息	ф8@200	☐
3	左标注(mm)	0	☐
4	右标注(mm)	500	☐
5	马凳筋排数	0/1	☐
6	单边标注位置	支座内边线	☐
7	左弯折(mm)	(0)	☐
8	右弯折(mm)	(0)	☐
9	分布钢筋	ф8@200	☐
10	钢筋锚固	(35)	
11	钢筋搭接	(49)	
12	归类名称	(1号负筋)	☐
13	计算设置	按默认计算设置计算	
14	节点设置	按默认节点设置计算	
15	搭接设置	按默认搭接设置计算	
16	汇总信息	板负筋	☐
17	备注		☐
18	+ 显示样式		

属性编辑

	属性名称	属性值	附加
1	名称	3号负筋	
2	钢筋信息	ф8@200	☐
3	左标注(mm)	500	☐
4	右标注(mm)	500	☐
5	马凳筋排数	1/1	☐
6	非单边标注是否含支座宽	否	☐
7	左弯折(mm)	(0)	☐
8	右弯折(mm)	(0)	☐
9	分布钢筋	ф8@200	☐
10	钢筋锚固	(35)	
11	钢筋搭接	(49)	
12	归类名称	(3号负筋)	☐
13	计算设置	按默认计算设置计算	
14	节点设置	按默认节点设置计算	
15	搭接设置	按默认搭接设置计算	
16	汇总信息	板负筋	☐
17	备注		☐
18	+ 显示样式		

图 2-42　负筋的属性

2. 跨板受力筋(负筋)的定义

5 号、6 号和 12 号负筋属于跨板面筋,按照跨板受力筋的方法建立其属性,具体步骤如下:

(1)单击“模块导航栏”下“板”前面的三角使其展开→单击“板受力筋(S)”→单击工具栏左上角的“定义”按钮,进入定义界面。

(2)单击“新建”按钮,出现下拉菜单→选择“新建跨板受力筋”,如图 2-43 所示。

(3)在“属性编辑”中修改跨板受力筋的属性。

标注长度位置:可以选择“支座中心线”“支座内边线”和“支座外边线”,根据图纸中标注的实际情况进行选择,此处选择“支座外边线”。定义好的跨板受力筋如图 2-44 所示。

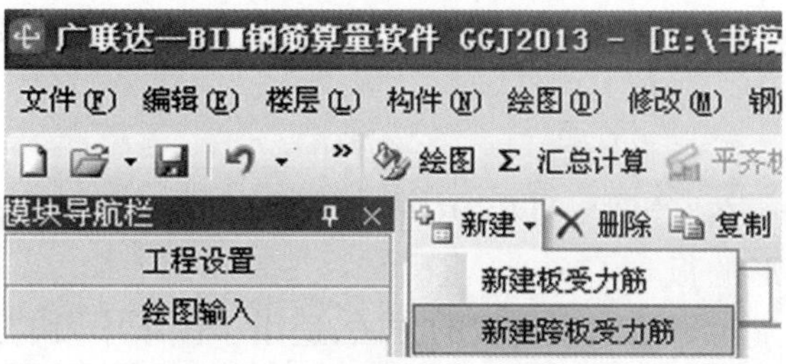

图 2-43　新建跨板受力筋

属性编辑

	属性名称	属性值	附加
1	名称	5号负筋	
2	钢筋信息	ф8@200	☐
3	左标注(mm)	900	☐
4	右标注(mm)	0	☐
5	马凳筋排数	1/0	☐
6	标注长度位置	支座外边线	☐
7	左弯折(mm)	(0)	☐
8	右弯折(mm)	(0)	☐
9	分布钢筋	ф8@200	☐
10	钢筋锚固	(35)	
11	钢筋搭接	(49)	
12	归类名称	(5号负筋)	☐
13	汇总信息	板受力筋	☐
14	计算设置	按默认计算设置计算	
15	节点设置	按默认节点设置计算	
16	搭接设置	按默认搭接设置计算	
17	长度调整(mm)		☐
18	备注		☐
19	+ 显示样式		

属性编辑

	属性名称	属性值	附加
1	名称	6号负筋	
2	钢筋信息	ф8@200	☐
3	左标注(mm)	900	☐
4	右标注(mm)	900	☐
5	马凳筋排数	1/1	☐
6	标注长度位置	支座外边线	☐
7	左弯折(mm)	(0)	☐
8	右弯折(mm)	(0)	☐
9	分布钢筋	ф8@200	☐
10	钢筋锚固	(35)	
11	钢筋搭接	(49)	
12	归类名称	(6号负筋)	☐
13	汇总信息	板受力筋	☐
14	计算设置	按默认计算设置计算	
15	节点设置	按默认节点设置计算	
16	搭接设置	按默认搭接设置计算	
17	长度调整(mm)		☐
18	备注		☐
19	+ 显示样式		

图 2-44　跨板受力筋的属性定义

三、板的绘制

(一)现浇板的绘制

现浇板属于面式构件,板的绘制方法主要有点绘制、直线绘制、矩形绘制、自动生成板等,如图 2-45 所示。

图 2-45　现浇板的绘制方法

注意:在绘制现浇板之前,需要将板下的支座绘制完毕。

1. 点绘制

在“绘图工具栏”中单击“点”按钮,在梁(或者梁和墙)围成的封闭区域中单击鼠标左键,就在此封闭区域布置好了一块板。

点绘制现浇板的方法操作简单,适用于工程中板的种类比较多、厚度不一的情况。

2. 直线绘制

既不能用点绘制,又不能用矩形绘制时,可以采用直线绘制的方法绘制现浇板。在“绘图工具栏”中单击“直线”按钮,用直线围成一个封闭区域,单击鼠标右键确定,即可绘制成一块板。

3. 矩形绘制

在“绘图工具栏”中单击“矩形”按钮,选择矩形板图元的两个对角点,即可绘制一块矩形的板。

矩形绘制现浇板的方法,适用于图纸中没有封闭区域的情况。

4. 自动生成板

当板下的梁、墙绘制完毕,且图中板类别比较少时,可使用自动生成板,软件会自动根据图中梁和墙围成的封闭区域来生成整层的板。自动生成完毕后，需要检查图纸，将与图中板信息不符的修改过来，对图中没有板的地方进行删除。

本工程中只有 B－120 一种类型的现浇板，可以采用自动生成板的方法进行绘制，具体步骤如下：

(1)在"绘图工具栏"中单击"自动生成板"按钮，软件默认所有的封闭区域的板都绘制完成，如图 2-46 所示。

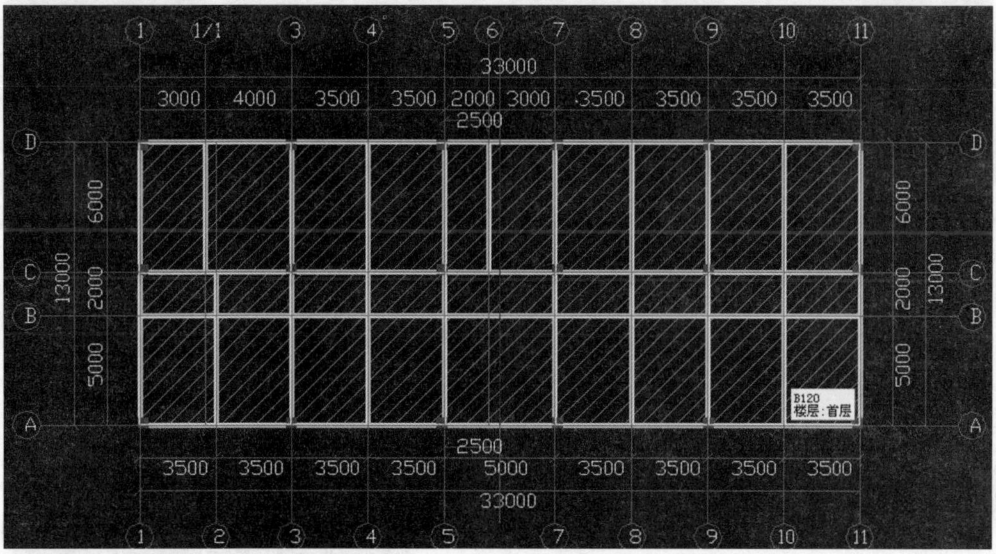

图 2-46　自动生成的板

(2)删除楼梯间处的板。检查图纸，发现图纸中在首层楼梯间的位置是没有板的，需要删掉。单击鼠标左键选择楼梯间处的两块板，即Ⓒ～Ⓓ/①～⑴和Ⓒ～Ⓓ/⑥～⑦之间的两块板，单击"删除"按钮，即把两块板删除。

(3)修改卫生间处板顶标高。在"绘图工具栏"中单击"查改标高"按钮，左键单击卫生间处的板，把标高修改为 4.40 m 即可。

绘制完成的现浇板如图 2-47 所示。

(二)板受力筋的绘制

布置板的受力筋，按照布置范围，有"单板""多板""自定义范围"和"选择受力筋范围"四种；按照钢筋方向，有"水平""垂直""*XY* 方向""平行边布置受力筋""两点布置受力筋"等，如图 2-48 所示。

在布置受力筋时，需要同时选择布置范围和布置方式后才能绘制受力筋。

1. 单板(水平/垂直)

(1)在"绘图工具栏"中依次点击"单板"和"水平"(或者"单板"和"垂直")，在绘图区域移动鼠标，当移动到某块板时，板边线会着重显示。

(2)单击鼠标左键，即可在当前板中布置钢筋。

用此种方法布置好的受力筋如图 2-49 所示。

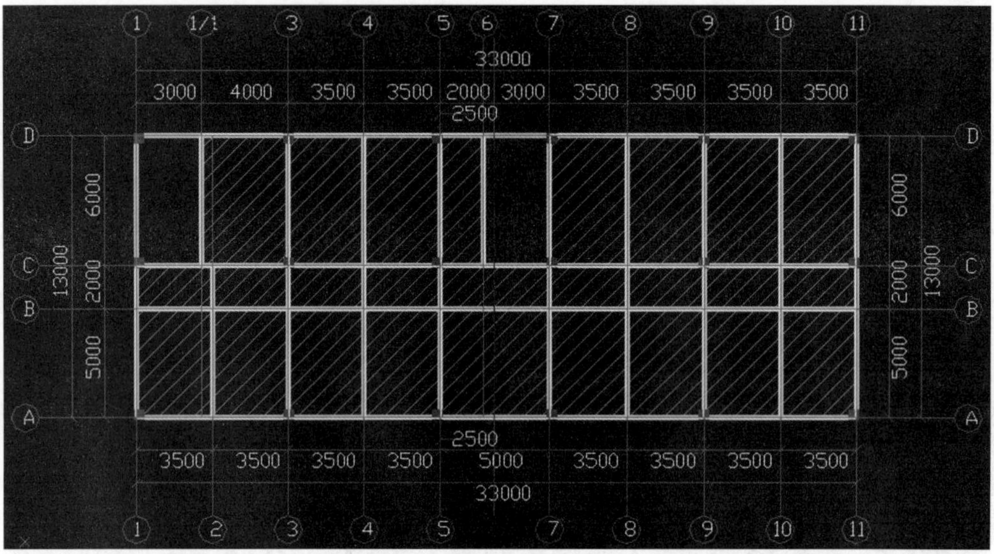

图 2-47　绘制完成的现浇板

图 2-48　板受力筋的绘制方法

2. 多板(水平/垂直)

(1)在“绘图工具栏”中依次单击“多板”和“水平”(或者“多板”和“垂直”),在绘图区域选择需要布置的板。

(2)单击鼠标右键结束板的选择,单击鼠标左键布置板受力筋。

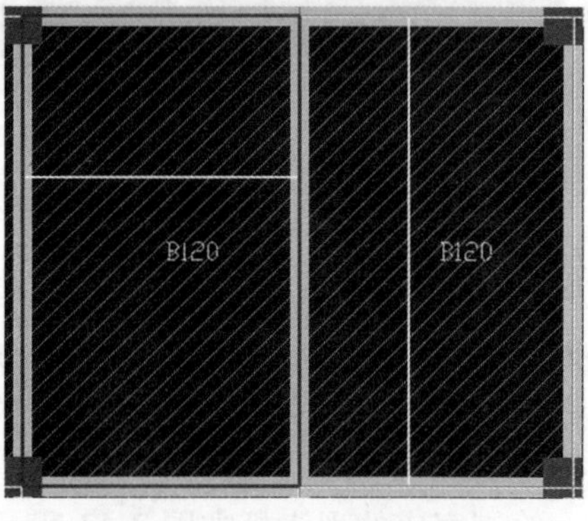

图 2-49　单板(水平/垂直)

3. 自定义范围

在“绘图工具栏”中选择一种布筋方式(“水平”或“垂直”),左键单击“自定义范围”,在绘图区域绘制一个封闭区域作为布置钢筋的范围。单击左键布置钢筋即可。

4. *XY* 方向

(1)在“绘图工具栏”中选择一种布筋范围(“单板”或“多板”),左键单击“*XY* 方向”,在绘图区域选择或者绘制布筋范围。

(2)单击左键,软件弹出“智能布置”界面,输入相关信息后,单击“确定”按钮完成操作。

智能布置中布置方式有“双向布置”“双网双向布置”和“*XY* 向布置”三种,以下分别介绍:

①双向布置。即在板的两个方向均布置钢筋,并且钢筋的信息是一样的,如图 2-50 所示。

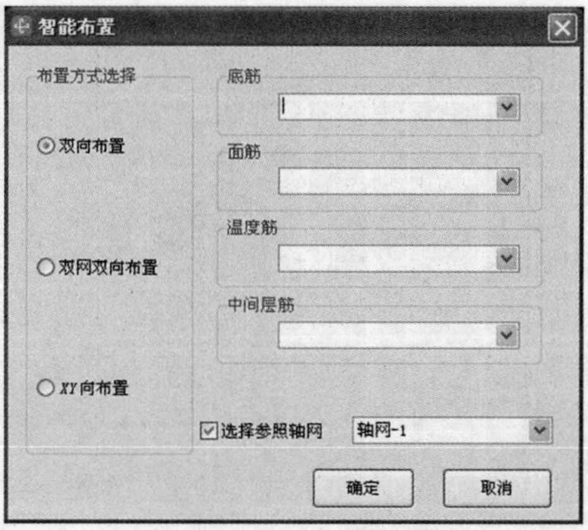

图 2-50　双向布置

在软件中可以双向布置底筋、面筋、温度筋和中间层筋，钢筋的信息可以手动输入，也可以在下拉菜单中进行选择。

选择参照轴网：如果工程中有不止一个轴网时，可以选择以其中一个轴网的水平方向和垂直方向为基准进行布置；如果工程中只有一个轴网，则无须选择。不勾选时，以绘图区水平方向为 *X* 方向，竖直方向为 *Y* 方向。

②双网双向布置。即在板中布置双层（底筋和面筋）双向（*XY* 两个方向）的钢筋，如图 2-51 所示。

③*XY* 向布置。可以在 *X* 方向和 *Y* 方向分别选择不同的钢筋信息进行布置，如图 2-52 所示。

图 2-51　双网双向布置

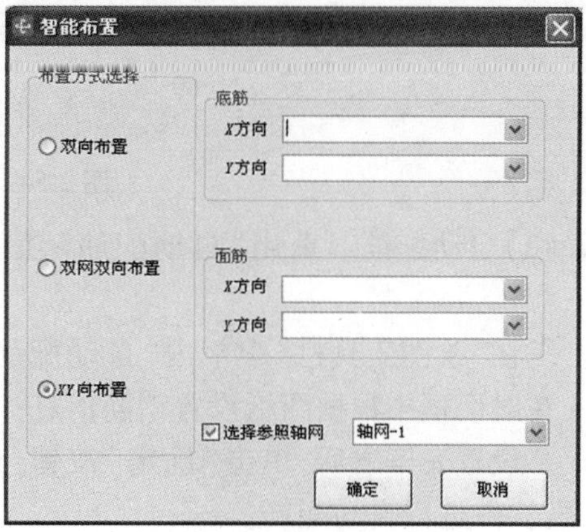

图 2-52　*XY* 向布置

根据图纸，本工程板受力筋采用"水平"或者"垂直"绘制即可。跨板受力筋的绘制方法和受力筋一样，在此不再赘述。绘制完成的板受力筋如图 2-53 所示。

【知识扩展】

（1）应用同名称板。在实际工程设计中，经常遇到同名称的板钢筋信息一致的情况。如果逐个布置同名称板的钢筋，比较烦琐且重复同样的工作。这种情况下就可以使用

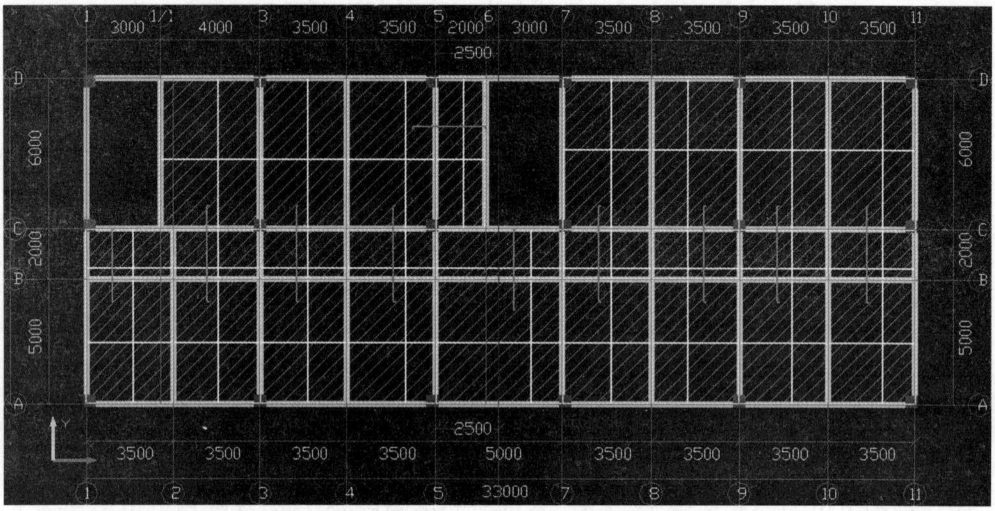

图 2-53　板受力筋的绘制

“应用同名称板”(见图 2-54(a))来快速地布置同名称板的钢筋。具体操作步骤如下:

①选择“应用同名称板”按钮,在绘图区域选择已经配好筋的板图元。

②单击右键,结束复制,软件弹出“提示”界面,如图 2-54(b)所示,单击“确定”按钮,完成操作。

(a)　　(b)

图 2-54　应用同名称板

(2)自动配筋。采用“自动配筋”功能可以为未配筋板自动配置受力筋,操作步骤如下:

①在“绘图工具栏”中单击“自动配筋”,弹出“自动配筋设置”对话框,如图 2-55 所示。在对话框中根据图纸设置钢筋信息。

②设置完毕之后,单击“确定”按钮,然后用鼠标框选要布筋的板范围,单击右键确定,则软件进行自动配筋。

(三)板负筋的绘制

板负筋的绘制方法有“按梁布置”“按墙布置”“按板边布置”和“画线布置”四种,如图 2-56 所示。

四种绘制方法的步骤基本相同,都是先选择要绘制的负筋,左键单击“按梁布置”或者其他的布置方法,然后选择梁或其他构件,单击鼠标右键即可。不同的是,每一种布筋方式包含的布筋范围是不一样的。例如“按梁布置”,包含的范围不是整根梁的范围内,而是当前跨;如果“按墙布置”或者“按板边布置”,它的范围就是整面墙或者整个板边;如

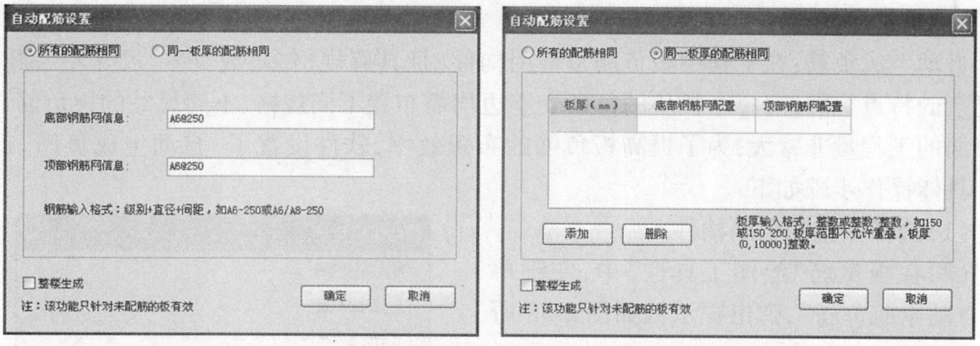

图 2-55　自动配筋设置

图 2-56　板负筋的绘制方法

果“画线布置”，选择的线的长度就是布筋范围。布置负筋后，可以使用“查看布筋”来查看布置的负筋是否在所需要的范围。

本工程负筋种类较多，这里不一一绘制，仅以“1 号负筋”为例进行绘制，“1 号负筋”的绘制步骤如下：

单击“板”下拉菜单→单击“板负筋”→选择“1 号负筋”→单击“按板边布置”→单击①轴线上Ⓑ～Ⓒ段板边两次（如果此时负筋的方向不对，可以利用“交换左右标注”功能进行修改）→单击⑪轴线上Ⓑ～Ⓒ段板边两次→单击鼠标右键结束，即可完成“1 号负筋”的绘制。

用同样的方法可以绘制其他的负筋。负筋绘制完成后如图 2-57 所示。

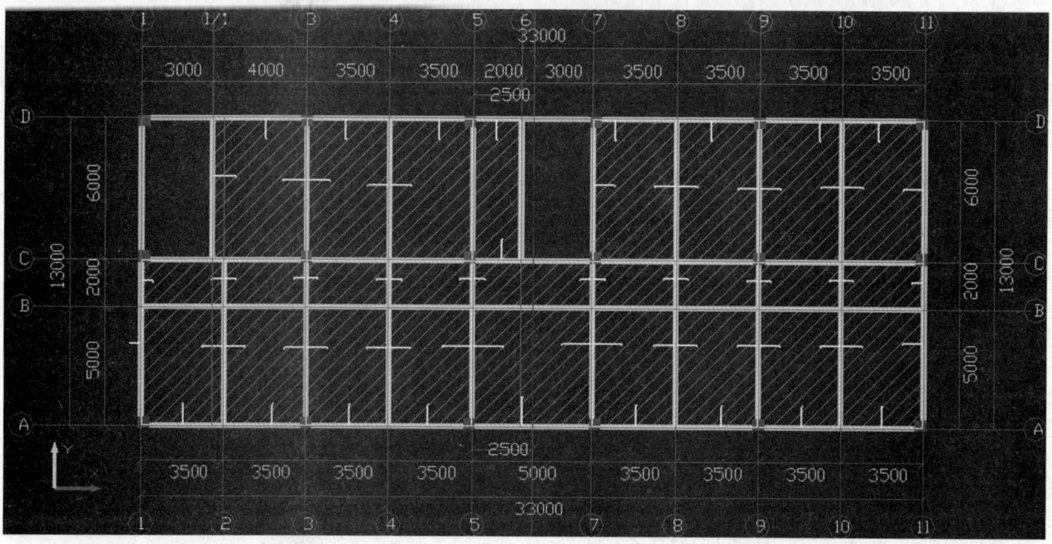

图 2-57　板负筋的绘制

【知识扩展】

自动生成负筋:在工程中板负筋是常用构件,且具有规格多、数量多、尺寸不一致、情况复杂的特点。因此,每个板块的每条支座边均需布置不同规格、不同尺寸的板负筋。布置负筋的工程量非常大,为了提高板负筋的布置效率,软件设置了“自动生成负筋”的功能。具体操作步骤如下:

(1)选择布置的负筋构件。

(2)在板负筋“绘图工具栏”中,左键单击“自动生成负筋”,弹出提示框如图 2-58 所示。

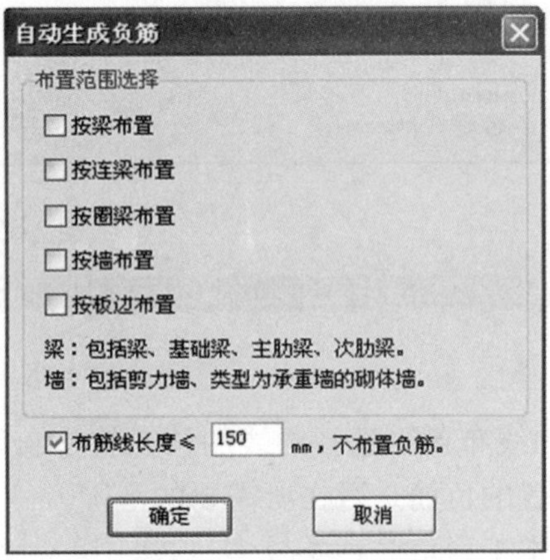

图 2-58　自动生成负筋

(3)选择布筋范围,可多选。

(4)选择布筋线的最小长度,布筋线长度是指布筋的最小范围,小于此范围时,软件不会自动布置负筋。

(5)单击“确定”按钮,进入绘图界面,在图中左键选择或者框选要自动生成负筋的板。

(6)单击右键确定,即可布置上负筋。

需要注意的是,如果所选板已经布置负筋,则会弹出如图 2-59 所示的对话框,根据实际情况选择即可。

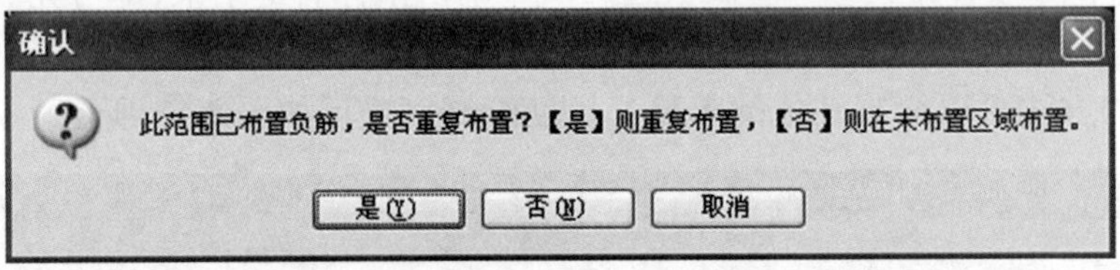

图 2-59　“确认”对话框

四、查看板工程量

(一)现浇板钢筋工程量

首层现浇板钢筋工程量如图 2-60 所示。

(二)板受力筋工程量

首层板受力筋工程量如图 2-61 所示。

(三)板负筋工程量

首层板负筋工程量如图 2-62 所示。

(四)跨板受力筋工程量

首层跨板受力筋工程量如图 2-63 所示。

钢筋总质量（kg）: 522.322

	构件名称	钢筋总质量（kg）	HRB335	
			12	合计
5	B-120[163]	21.134	21.134	21.134
6	B-120[164]	21.134	21.134	21.134
7	B-120[165]	15.096	15.096	15.096
8	B-120[166]	15.096	15.096	15.096
9	B-120[167]	21.134	21.134	21.134
10	B-120[168]	18.115	18.115	18.115
11	B-120[169]	15.096	15.096	15.096
12	B-120[171]	24.154	24.154	24.154
13	B-120[172]	18.115	18.115	18.115
14	B-120[173]	24.154	24.154	24.154
15	B-120[174]	24.154	24.154	24.154
16	B-120[175]	15.096	15.096	15.096
17	B-120[176]	15.096	15.096	15.096
18	B-120[177]	18.115	18.115	18.115
19	B-120[178]	21.134	21.134	21.134
20	B-120[179]	21.134	21.134	21.134
21	B-120[180]	15.096	15.096	15.096
22	B-120[181]	24.154	24.154	24.154
23	B-120[182]	24.154	24.154	24.154
24	B-120[183]	15.096	15.096	15.096
25	B-120[184]	21.134	21.134	21.134
26	B-120[185]	27.173	27.173	27.173
27	合计	522.322	522.322	522.322

图 2-60　首层现浇板钢筋工程量

钢筋总质量(kg)：1 534.866

	构件名称	钢筋总质量(kg)	HRB400	
			8	合计
1	底筋C8-200[212]	450.594	450.594	450.594
2	底筋C8-200[214]	47.005	47.005	47.005
3	底筋C8-200[215]	91.747	91.747	91.747
4	底筋C8-200[216]	89.927	89.927	89.927
5	底筋C8-200[217]	89.927	89.927	89.927
6	底筋C8-200[219]	66.36	66.36	66.36
7	底筋C8-200[220]	89.927	89.927	89.927
8	底筋C8-200[221]	89.927	89.927	89.927
9	底筋C8-200[222]	89.927	89.927	89.927
10	底筋C8-200[226]	89.927	89.927	89.927
11	底筋C8-200[229]	164.86	164.86	164.86
12	底筋C8-200[292]	153.405	153.405	153.405
13	底筋C8-200[293]	21.33	21.33	21.33
14	合计	1534.866	1534.866	1534.866

图 2-61　首层板受力筋工程量

钢筋总质量(kg):872.835

	构件名称	钢筋总质量(kg)	HPB300		HRB400	
			8	合计	8	合计
1	1号负筋[231]	3.324	0	0	3.324	3.324
2	1号负筋[335]	3.324	0	0	3.324	3.324
3	2号负筋[204]	13.258	3.239	3.239	10.019	10.019
4	2号负筋[215]	11.572	2.607	2.607	8.965	8.965
5	2号负筋[216]	11.73	2.765	2.765	8.965	8.965
6	2号负筋[217]	4.746	0	0	4.746	4.746
7	2号负筋[218]	11.73	2.765	2.765	8.965	8.965
8	2号负筋[219]	11.73	2.765	2.765	8.965	8.965
9	2号负筋[220]	11.73	2.765	2.765	8.965	8.965
10	2号负筋[221]	11.73	2.765	2.765	8.965	8.965
11	2号负筋[225]	22.007	6.715	6.715	15.292	15.292
12	2号负筋[226]	22.007	6.715	6.715	15.292	15.292
13	2号负筋[230]	4.746	0	0	4.746	4.746
14	2号负筋[252]	17.791	5.135	5.135	12.656	12.656
15	2号负筋[253]	11.73	2.765	2.765	8.965	8.965
16	2号负筋[254]	11.73	2.765	2.765	8.965	8.965
17	2号负筋[255]	11.73	2.765	2.765	8.965	8.965
18	2号负筋[256]	11.177	2.212	2.212	8.965	8.965
19	2号负筋[259]	11.177	2.212	2.212	8.965	8.965
20	2号负筋[260]	11.73	2.765	2.765	8.965	8.965
21	2号负筋[261]	11.73	2.765	2.765	8.965	8.965
22	2号负筋[262]	11.73	2.765	2.765	8.965	8.965
23	2号负筋[333]	17.791	5.135	5.135	12.656	12.656
24	3号负筋[232]	5.084	0	0	5.084	5.084
25	3号负筋[233]	5.084	0	0	5.084	5.084
26	3号负筋[234]	5.084	0	0	5.084	5.084
27	3号负筋[235]	5.084	0	0	5.084	5.084
28	3号负筋[236]	5.084	0	0	5.084	5.084
29	3号负筋[237]	5.084	0	0	5.084	5.084
30	3号负筋[238]	5.084	0	0	5.084	5.084
31	3号负筋[239]	5.084	0	0	5.084	5.084
32	4号负筋[334]	38.457	10.27	10.27	28.187	28.187
33	7号负筋[203]	31.013	8.907	8.907	22.106	22.106
34	8号负筋[205]	54.222	16.788	16.788	37.434	37.434
35	9号负筋[222]	38.975	13.43	13.43	25.545	25.545
36	9号负筋[227]	38.975	13.43	13.43	25.545	25.545
37	9号负筋[228]	38.975	13.43	13.43	25.545	25.545
38	9号负筋[229]	38.975	13.43	13.43	25.545	25.545
39	9号负筋[245]	31.41	10.27	10.27	21.14	21.14
40	9号负筋[246]	31.41	10.27	10.27	21.14	21.14
41	9号负筋[249]	31.41	10.27	10.27	21.14	21.14
42	9号负筋[250]	31.41	10.27	10.27	21.14	21.14
43	9号负筋[251]	31.41	10.27	10.27	21.14	21.14
44	10号负筋[247]	50.781	13.746	13.746	37.035	37.035
45	10号负筋[248]	50.781	13.746	13.746	37.035	37.035
46	11号负筋[257]	22.017	6.044	6.044	15.974	15.974
47	合计	872.835	238.955	238.955	633.88	633.88

图 2-62　首层板负筋工程量

钢筋总质量(kg):450.143

	构件名称	钢筋总质量(kg)	HPB300		HRB400	
			8	合计	8	合计
1	5号负筋[321]	33.218	10.823	10.823	22.395	22.395
2	5号负筋[322]	58.347	20.145	20.145	38.202	38.202
3	6号负筋[324]	42.466	14.062	14.062	28.404	28.404
4	6号负筋[325]	41.834	13.43	13.43	28.404	28.404
5	6号负筋[326]	41.439	13.035	13.035	28.404	28.404
6	6号负筋[328]	41.439	13.035	13.035	28.404	28.404
7	6号负筋[329]	41.992	13.588	13.588	28.404	28.404
8	6号负筋[330]	41.992	13.588	13.588	28.404	28.404
9	6号负筋[331]	41.992	13.588	13.588	28.404	28.404
10	12号负筋[332]	65.42	18.842	18.842	46.578	46.578
11	合计	450.143	144.136	144.136	306.007	306.007

图 2-63　首层跨板受力筋工程量

第四节　首层二次结构的定义和绘制

首层二次结构主要指的是墙体、门窗、构造柱、圈梁和过梁。下面一一介绍这些构件的定义及绘制方法。

一、首层墙体的定义和绘制

（一）首层墙体的定义

根据图纸可知，本工程的内外墙均为 240 mm 厚的加气混凝土砌块墙。墙体的定义过程如下：

（1）单击“模块导航栏”下“墙”前面的三角使其展开→单击下一级的“砌体墙”→单击“定义”按钮。

（2）单击“新建”按钮，出现下拉菜单→选择“新建砌体墙”。

（3）在“属性编辑”中修改砌体墙的属性。

①名称：需要根据图纸输入构件的名称，本工程中首层砌体墙只有一种，可以按照软件默认的名称，也可以输入“砌体墙 240”作为名称。

②厚度：指的是墙体的厚度，本工程输入“240”。

③轴线距左墙皮距离：软件默认轴线居中，在此可以不修改，如果需要对齐，采用软件的“对齐”功能对齐即可。

④砌体通长筋和横向短筋：砌体通长筋指的是砌体墙上的通长钢筋，按照排数 + 级别 + 直径 +@ + 间距输入，例如 2A6@200。横向短筋指的是砌体墙上的垂直墙面的短筋，类似于剪力墙上的拉筋，按照级别 + 直径 +@ + 间距或根数 + 级别 + 直径输入，例如 A6@150 或 4B18。本工程无须输入。砌体通长筋和横向短筋示意图如图 2-64 所示。

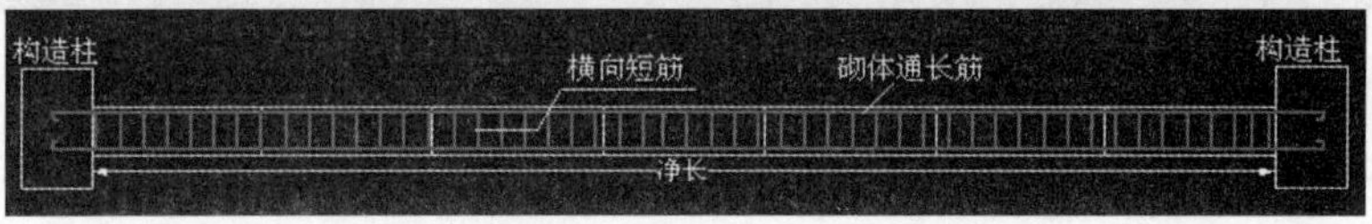

图 2-64　砌体通长筋及横向短筋示意图

⑤砌体墙类型：软件提供了填充墙、承重墙和框架间填充墙三种可供选择。填充墙一般用于施工洞填充墙的绘制，承重墙主要用于工程中有承重墙时，框架间填充墙一般作为框架结构的填充墙使用。本工程选择框架间填充墙。

定义好的墙体的属性如图 2-65 所示。

（二）首层墙体的绘制

墙体的绘制方法有直线绘制和智能布置等，墙体是线性构件，所以绘制墙体主要是用直线绘制的方法。下面以Ⓓ轴线上的墙体为例介绍墙体的直线绘制。

单击“墙”下拉菜单里的“砌体墙”→选择已定义好的“砌体墙 240”→单击“直线”按钮→单击①轴线和Ⓓ轴线的交点→单击⑪轴线和Ⓓ轴线的交点→单击右键结束。

用同样的方法绘制其余的墙体，画好的墙体如图 2-66 所示。

	属性名称	属性值	附加
1	名称	砌体墙240	
2	厚度(mm)	240	☐
3	轴线距左墙皮距离(mm)	(120)	☐
4	砌体通长筋		☐
5	横向短筋		☐
6	砌体墙类型	框架间填充墙	☐
7	备注		☐
8	+ 其他属性		
17	+ 显示样式		

图 2-65　墙体的属性

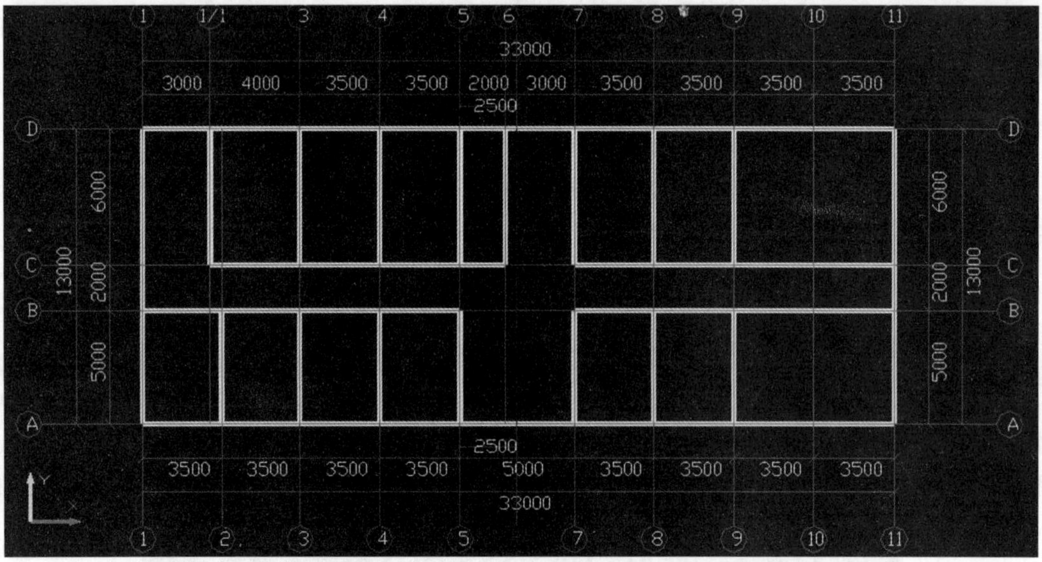

图 2-66　首层墙体的绘制

【知识扩展】

(1)墙的"对齐"功能的使用。按照直线绘制的墙,软件默认墙的位置往往按照轴线居中,实际工程中墙的位置不一定居中,而是对齐梁边或者柱边的,这时就要用到"对齐"的功能。具体操作步骤如下:

①在菜单栏里单击"修改"→单击"对齐"→单击"单对齐"。

②在绘图区域左键单击,选择需要对齐的目标线(如梁边或者柱边)。

③左键单击,选择需要对齐的图元的边线(如墙的外边线)。

④单击右键结束,即完成了对齐。

(2)墙的"延伸"功能的使用。如果墙不相交在各自的中心线上,会影响到板的布置,需要用墙"延伸"的方法使墙相交。具体操作步骤如下:

①在菜单栏里单击"修改"→单击"延伸"。

②鼠标左键单击,选择需要延伸至的边界线。

③鼠标左键单击,选择需要延伸的构件图元,则所选构件图元被延伸至边界线。

二、首层门窗的定义和绘制

(一)首层门窗的定义

根据图纸中的门窗表可知,本工程首层共有四种类型的门和三种类型的窗。现以M－1和C－1为例介绍门窗的定义。

M－1的定义步骤如下:

(1)单击“模块导航栏”下“门窗洞”前面的三角使其展开→单击下一级的“门”→单击“定义”按钮。

(2)单击“新建”按钮,出现下拉菜单→选择“新建矩形门”。

(3)在“属性编辑”中修改M－1的属性。

①名称:输入M－1。

②洞口宽度和洞口高度:按照图纸中的尺寸输入即可。

③离地高度:门底部距离当前层楼地面的高度,软件默认为0,无须修改。定义好的M－1的属性如图2-67所示。

C－1的定义和门基本一样,需要注意的是,C－1的离地高度需要根据图纸输入。根据立面图可知C－1的离地高度为1 100 mm,在C－1的“属性编辑”中离地高度输入“1 100”即可。定义好的C－1的属性如图2-68所示。

属性编辑

	属性名称	属性值	附加
1	名称	M-1	
2	洞口宽度(mm)	1000	□
3	洞口高度(mm)	2200	□
4	离地高度(mm)	0	□
5	洞口每侧加强筋		□
6	斜加筋		□
7	其他钢筋		
8	汇总信息	洞口加强筋	□
9	备注		□
10	+ 显示样式		

图2-67　M－1的属性

属性编辑

	属性名称	属性值	附加
1	名称	C-1	
2	洞口宽度(mm)	1800	□
3	洞口高度(mm)	1900	□
4	离地高度(mm)	1100	□
5	洞口每侧加强筋		□
6	斜加筋		□
7	其他钢筋		
8	汇总信息	洞口加强筋	□
9	备注		□
10	+ 显示样式		

图2-68　C－1的属性

(二)首层门窗的绘制

软件中门窗的绘制方法有三种,即点、智能布置和精确布置。现以Ⓑ轴线上和④轴线交叉位置的M－1为例介绍门的智能布置。

单击“门窗洞”下拉菜单里的“门”→选择“M－1”→单击“精确布置”按钮→单击Ⓑ轴线上的“砌体墙240”→单击②轴和Ⓑ轴线的交点,弹出“请输入偏移值”对话框→填写偏移值240(如图2-69所示)→单击“确定”按钮,M－1就绘制好了。

需要注意的是,在输入偏移值时,若门窗位置与箭头方向一致,则偏移值为正值;若门窗位置与箭头方向相反,则偏移值为负值。

用同样的方法绘制其余的门窗(窗的布置方法和门一样),绘制好的门窗如图2-70所示。

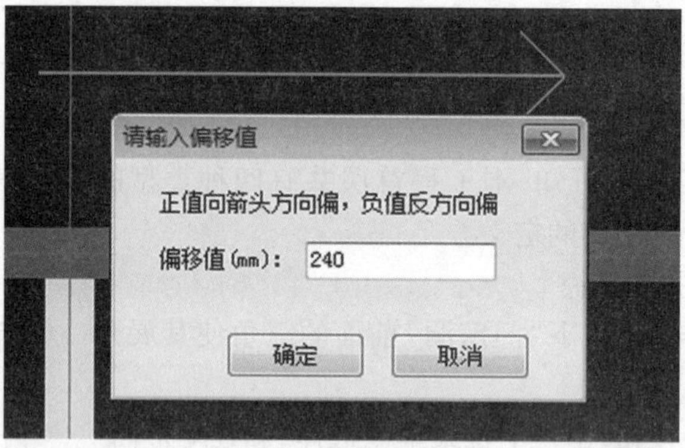

图 2-69　门的绘制

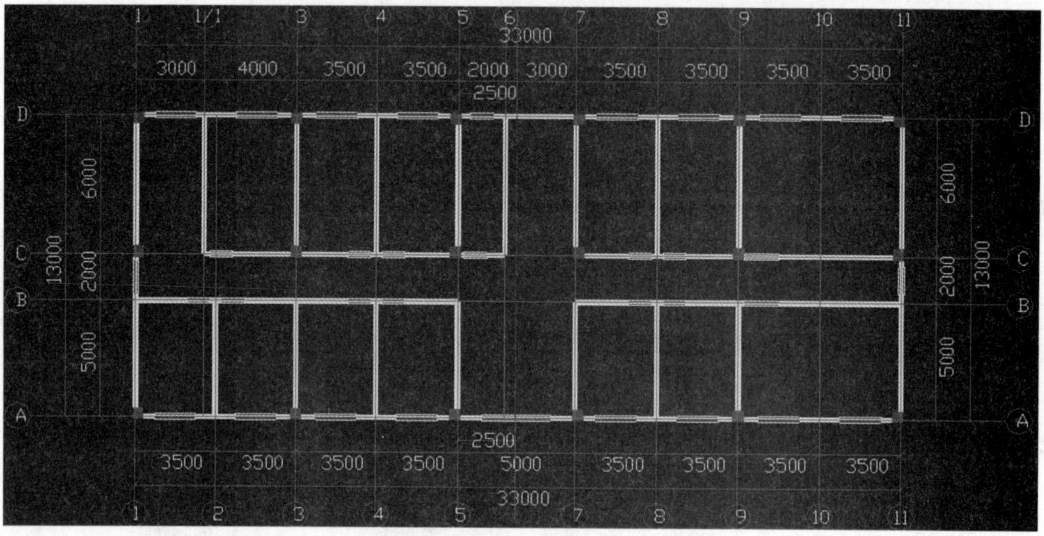

图 2-70　首层门窗的绘制

三、首层构造柱的定义和绘制

(一)首层构造柱的定义

构造柱的定义,可以采用与柱相同的方法,此处不再重复介绍。根据图纸,本工程只有一种类型的构造柱,定义好的 GZ－1 的属性如图 2-71 所示。

需要注意的是,构造柱箍筋的加密区间若与规范中规定的不一致,还需要输入数值。例如图纸中要求构造柱箍筋加密区高度为 600 mm,需要在图 2-71 的方框中输入“600”。

(二)首层构造柱的绘制

构造柱的绘制方法有点、旋转点和智能布置三种。构造柱具体的绘制方法和框架柱一样,在此不再重复介绍。本工程在首层板的配筋图中给出了构造柱的具体位置,所以可以采用点绘和智能布置的方式绘制构造柱。

属性编辑

	属性名称	属性值	附加
1	名称	GZ-1	
2	类别	构造柱	□
3	截面编辑	否	
4	截面宽(B边)(mm)	250	□
5	截面高(H边)(mm)	250	□
6	全部纵筋	4⏀14	□
7	角筋		□
8	B边一侧中部筋		□
9	H边一侧中部筋		□
10	箍筋	ф6@100/200	□
11	肢数	2*2	
12	其他箍筋		
13	备注		□
14	⊟ 其他箍筋		
15	— 汇总信息	构造柱	□
16	— 保护层厚度(mm)	(30)	□
17	— 上加密范围(mm)		□
18	— 下加密范围(mm)		□
19	— 插筋构造	设置插筋	□
20	— 插筋信息		□
21	— 计算设置	按默认计算设置计算	
22	— 节点设置	按默认节点设置计算	
23	— 搭接设置	按默认搭接设置计算	
24	— 顶标高(m)	层顶标高	□
25	— 底标高(m)	层底标高	□
26	⊞ 锚固搭接		
41	⊞ 显示样式		

图 2-71　GZ－1 的属性

【知识扩展】

除以上两种方法外，软件还提供了“自动生成构造柱”功能。如果图纸中没有具体画出构造柱的位置，只是在附录Ⅱ结构设计说明及其图纸中集中说明了构造柱的布置方法，这时就可以用“自动生成构造柱”功能来绘制构造柱。

例如某工程图纸在结构设计总说明中描述：“①在纵横墙相交处、在门窗洞口的两侧、间距为 3 500 mm 布置构造柱；②构造柱配筋：纵筋为 4B12、箍筋为 A6@150；③构造柱截面：宽度同砌体墙厚，截面高度为 200；④构造柱一般在砌体转角、纵横墙体相交部位、玻璃幕墙间墙以及沿墙长每隔 3 500 ~ 4 000 mm 设置，宽度同墙厚，高度为 240 mm，配筋为 4B12、A6@150”。

从上述的描述可以看出，框架填充墙上的构造柱如果采用点绘的方法比较麻烦，可以采用“自动生成构造柱”的方法，使用“自动生成构造柱”功能，不用先定义构造柱，软件是采用反建构件的方式来布置的。具体操作步骤如下：

(1)左键单击选择 自动生成构造柱 按钮，弹出如图 2-72 所示的对话框。

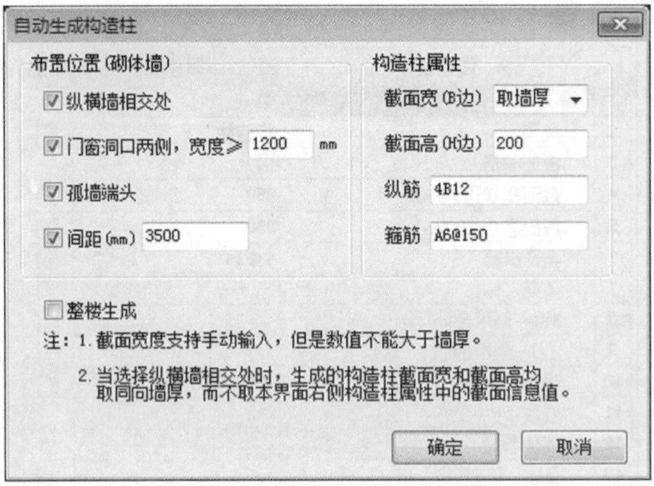

图 2-72 “自动生成构造柱”对话框

(2)选择要布置的位置。根据图纸中的说明,在“布置位置(砌体墙)”中选择需要生成构造柱的位置和间距,如图 2-72 所示。

(3)输入构造柱的属性参数。在“构造柱属性”中输入“截面宽”“截面高”“纵筋”和“箍筋”,输入格式与构造柱的属性输入一致,如图 2-72 所示。

(4)选择生成构造柱的范围,生成构造柱。如果要在多个楼层生成,直接在“整楼生成”前的方框勾选,单击“确定”按钮后,弹出选择楼层的对话框,按照需要选择即可。如果只在本层生成,不用勾选“整楼生成”,直接单击“确定”按钮;“自动生成构造柱”对话框关闭,回到绘图输入界面;任务栏提示“按鼠标左键点选或者拉框选择砌体墙图元”,用鼠标在绘图区拉框选择整个结构区域,单击右键确定,软件即在绘图区生成构造柱。

四、首层圈梁的定义和绘制

(一)首层圈梁的定义

在本工程附录Ⅱ结构设计说明及其图纸中没有关于圈梁的说明,但有系梁的说明。框架结构中的“系梁”即“圈梁”,所以“系梁”在“圈梁”下定义。

首层圈梁的定义步骤如下:

(1)左键单击“模块导航栏”下“梁”前面的三角使其展开→单击下一级的“圈梁”→单击“定义”按钮。

(2)单击“新建”按钮,出现下拉菜单→选择“新建矩形圈梁”。

(3)在“属性编辑”中修改圈梁的属性。

根据图纸中关于“系梁”的描述,本工程编辑好的系梁属性如图 2-73 所示。

(二)首层圈梁的绘制

圈梁定义完毕之后,切换到绘图界面绘制图元。软件提供的圈梁的绘制方法有直线绘制、点加长度、智能布置等。圈梁的绘制和梁的绘制方法一样,在此不再赘述。

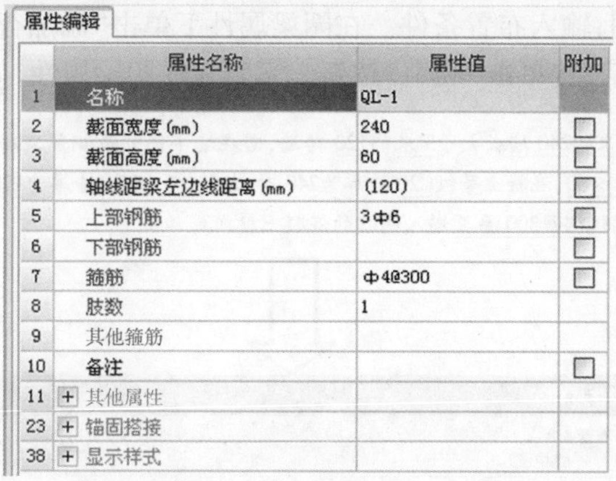

图 2-73　系梁的属性

【知识扩展】

对于构造柱,软件提供了"自动生成构造柱"的功能。同样,对于圈梁的绘制,软件也提供了"自动生成圈梁"的功能,本工程也可以采用"自动生成圈梁"的方法绘制圈梁,具体操作步骤如下:

(1)左键单击选择自动生成圈梁按钮,弹出如图 2-74 所示的对话框。

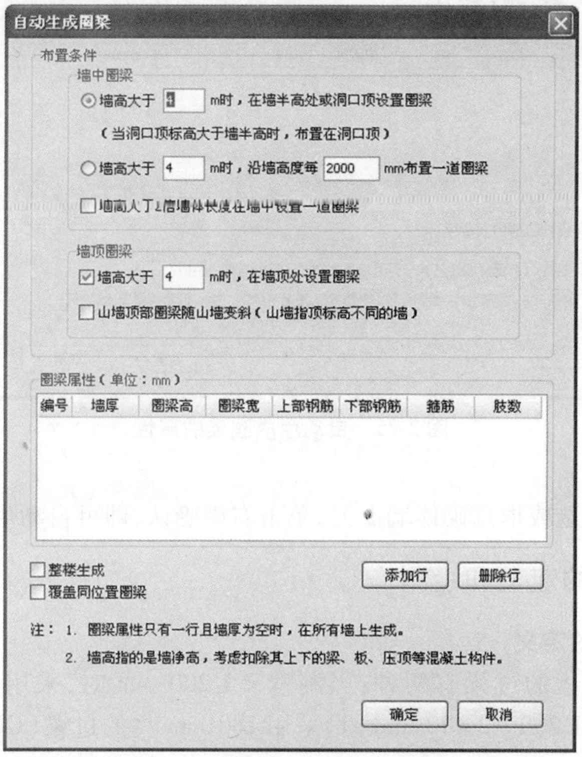

图 2-74　"自动生成圈梁"对话框

(2)根据图纸说明,输入布置条件。在圈梁属性下单击“添加行”,并在属性表格中输入相应的界面和钢筋信息,单击“确定”按钮。编辑完成圈梁属性,如图 2-75 所示。

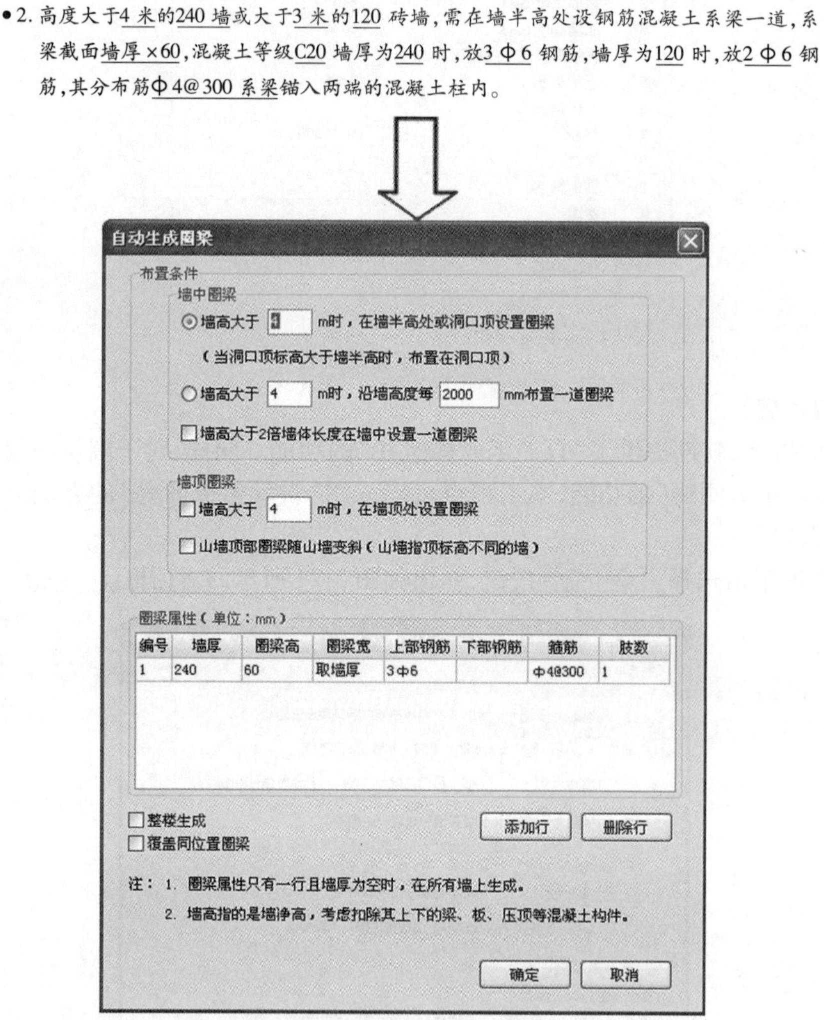

图 2-75 **自动生成圈梁的属性**

(3)鼠标左键点选或框选砌体墙图元,单击右键确认,即可自动生成圈梁。

五、首层过梁的定义和绘制

(一)首层过梁的定义

根据图纸,本工程的过梁有两种:当洞宽 < 1 200 mm 时,采用 90 mm 厚的过梁板(GL - 1);当洞宽为 1 200 ~ 2 400 mm 时,采用 180 mm 高的过梁(GL - 2)。现以 GL - 2 为例介绍过梁的定义。

(1)左键单击“模块导航栏”下“门窗洞”前面的三角使其展开→单击下一级的“过梁”→单击“定义”按钮。

(2)单击“新建”按钮,出现下拉菜单→选择“新建矩形过梁”。

(3)在“属性编辑”中修改过梁的属性。

编辑好的 GL－1 和 GL－2 的属性如图 2-76 所示。

属性编辑

	属性名称	属性值	附加
1	名称	GL-1	
2	截面宽度(mm)	240	☐
3	截面高度(mm)	90	☐
4	全部纵筋		☐
5	上部纵筋	3Φ8	☐
6	下部纵筋		☐
7	箍筋	Φ6@200	☐
8	肢数	1	☐
9	备注		☐
10	+ 其他属性		
22	+ 锚固搭接		
37	+ 显示样式		

属性编辑

	属性名称	属性值	附加
1	名称	GL-2	
2	截面宽度(mm)	240	☐
3	截面高度(mm)	180	☐
4	全部纵筋		☐
5	上部纵筋	2Φ12	☐
6	下部纵筋	2Φ14	☐
7	箍筋	Φ6@200	☐
8	肢数	2	☐
9	备注		☐
10	+ 其他属性		
22	+ 锚固搭接		
37	+ 显示样式		

图 2-76　过梁的属性

(二)首层过梁的绘制

软件中提供了两种绘制过梁的方法,即点绘和智能布置。点绘过梁的方法比较简单,在此不再赘述。下面介绍智能布置过梁的方法。

单击“门窗洞”下拉菜单→单击“过梁”→选择“GL－1”→单击“智能布置”→在下拉菜单中选择“按门窗洞口宽度布置”→弹出“按洞口宽度布置过梁”对话框(如图 2-77 所示)→按照图纸内容输入布置条件→单击“确定”按钮即可。

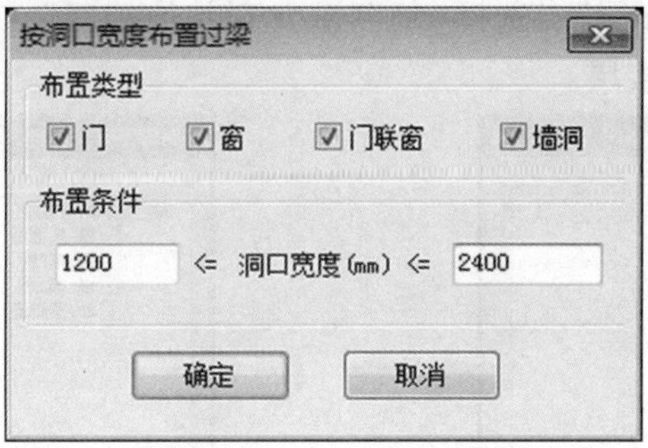

图 2-77　过梁布置

用同样的方法可以绘制 GL－2。

第三章　二层构件的绘制

第一节　构件图元的层间复制

通过分析图纸，本工程二层构件和首层构件有很多一样，尤其是板。这种情况下就没有必要重新定义构件和绘制构件，可以利用软件提供的层间复制来快速绘制其他层的构件。在软件中可以复制本层图元到其他楼层，也可以从其他楼层复制图元到本层。下面介绍两个功能的使用。

一、复制选定图元到其他楼层

若从本层复制图元到其他楼层，可使用此功能，具体操作步骤如下：

(1)选择需要复制的图元。若所选图元较少，可以采用鼠标左键点选的方式选择；若所选图元较多，可以使用“批量选择”功能来选择图元。在菜单栏单击“构件”→选择“批量选择”(或者在工具栏中直接单击“批量选择”)，弹出如图 3-1 所示的对话框，在此对话框中选择需要复制的构件图元，单击“确定”按钮，选择图元完毕。

(2)在菜单栏单击“楼层”→选择“复制图元到其他楼层”，弹出如图 3-2 所示的对话框，在对话框中勾选目标楼层。

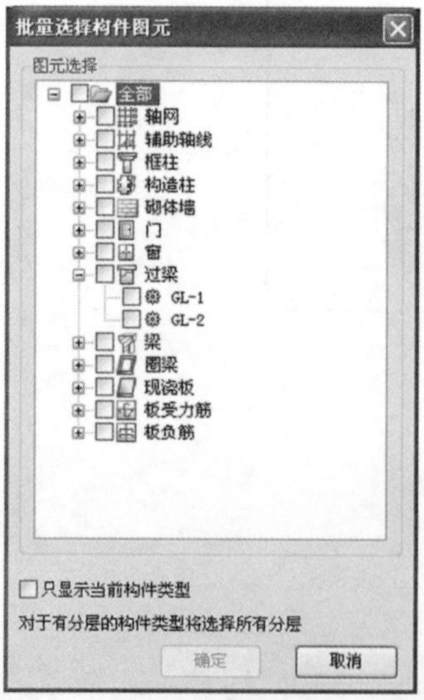

图 3-1　“批量选择构件图元”对话框

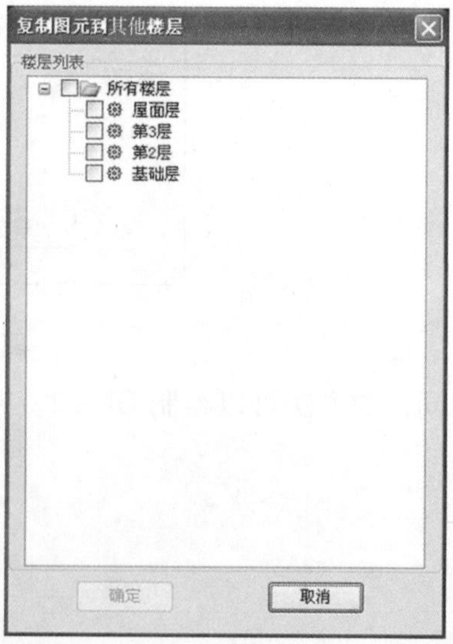

图 3-2　“复制图元到其他楼层”对话框

(3)单击“确定”按钮完成操作。

需要注意的是，复制时，如果目标楼层已经绘制了构件图元，那么软件会弹出“同位置图元/同名构件处理方式”对话框(如图3-3所示),可以根据实际情况进行选择。

在“同位置图元选择”上如果选择了“覆盖同位置同类型图元”,则用复制过来的图元覆盖当前楼层已经有的同位置同类型构件。选择“保留同位置同类型图元”,则不复制源楼层的构件,保留当前层构件的属性及位置。

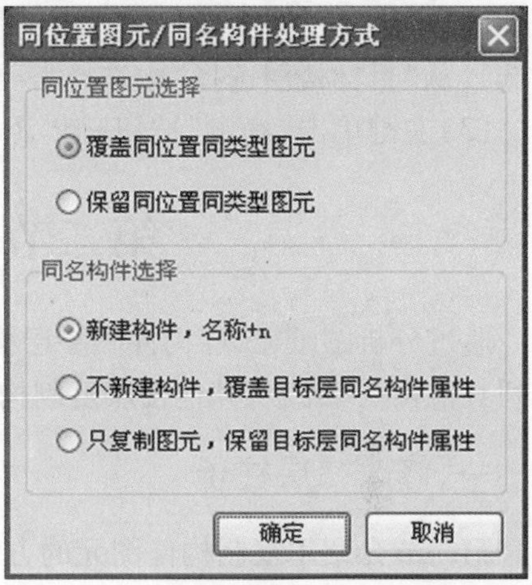

图3-3 “同位置图元/同名构件处理方式”对话框

在“同名构件选择”上,如果选择“新建构件,名称+n”,则在当前楼层已有构件的基础上新建构件,新建构件的名称为源构件名称后+n,n=1、2、3、…。从首层复制构件到二层,二层中已经存在1KZ1,如果首层中也有1KZ1,复制到二层,选择新建构件,则在二层中生成构件1KZ1-1。如果选择“不新建构件,覆盖目标层同名构件属性”,则当前楼层中的构件名称不变,构件信息,按照被复制层相同构件的属性覆盖。如果选择“只复制图元,保留目标层同名构件属性”,则当前楼层中同名构件只复制构件图元,但构件的信息等仍取已经定义的当前层构件的属性。

二、从其他楼层复制构件图元

若从其他楼层复制构件图元到本层,可使用此功能,具体操作步骤如下:

(1)在绘图界面,切换到一个空楼层,在菜单栏中单击“楼层”→选择“楼层”下拉菜单中的“从其他楼层复制构件图元”,弹出“从其他楼层复制构件图元”对话框,如图3-4所示。

图3-4 “从其他楼层复制构件图元”对话框

(2)在“源楼层选择”中选择要从哪一层复制，软件中“源楼层选择”默认为当前层的下一楼层。从“图元选择”列表选择需要复制的构件(构件前打对钩即为选中，取消即为不选)，从“目标楼层选择”中选择需要复制到的目标层。

(3)左键单击“确定”按钮，则“源楼层选择”所选构件直接被复制到当前层。

第二节　修改二层构件

通过分析图纸，二层构件和一层构件不完全一样，所以利用软件提供的“复制选定图元到其他楼层”或“从其他楼层复制构件图元”功能复制到二层的构件需要进行修改。

一、修改二层柱子

第一节介绍了复制构件图元的方法，即把构件和图元均复制到二层。软件同时也提供了只复制构件，不复制图元的功能。当工程需要时，也可以仅仅复制构件到二层，图元在二层进行绘制。本工程首层的柱子和二层的柱子种类均有四种，但每种柱子的位置和首层并不一样，且柱子的绘制方法比较简单，所以可以先把柱构件复制到二层，在二层修改复制柱子的属性后，再进行柱子的绘制。

(一)从首层复制柱构件到二层

首层已经定义好了柱子构件，二层也有相同的构件，所以二层无需定义柱子，直接从首层复制过来即可。操作步骤如下：

(1)在绘图界面，切换到二层，在菜单栏中单击“构件”→选择“构件”下拉菜单中的“从其他楼层复制构件”，弹出“从其他楼层复制构件”对话框，如图3-5所示。

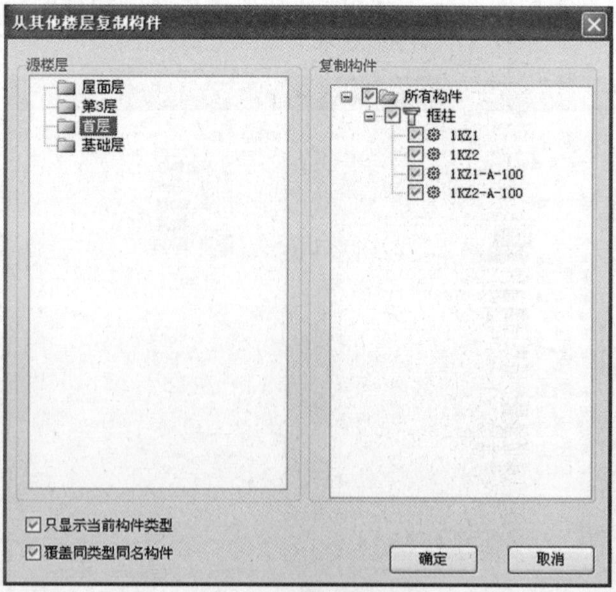

图3-5　“从其他楼层复制构件”对话框

(2)在“源楼层”列表下选择首层，在“复制构件”列表下选择所有的框柱。

(3)左键单击“确定”按钮，则首层定义好的框柱构件即可复制到二层，而首层框柱的图元没有复制。

(二)修改二层柱子的属性

从图纸中可知，二层柱子的钢筋信息与首层不一样，所以从首层复制过来的柱构件需要进行修改。修改好的二层框柱的属性如图 3-6 所示。

属性编辑

	属性名称	属性值	附加
1	名称	2KZ1	
2	类别	框架柱	□
3	截面编辑	否	
4	截面宽(B边)(mm)	500	□
5	截面高(H边)(mm)	500	□
6	全部纵筋		□
7	角筋	4Φ18	□
8	B边一侧中部筋	2Φ16	□
9	H边一侧中部筋	2Φ16	□
10	箍筋	Φ8@100/200	□
11	肢数	4*4	
12	柱类型	(中柱)	□
13	其他箍筋		
14	备注		□
15	+ 芯柱		
20	+ 其他属性		
33	+ 锚固搭接		
48	+ 显示样式		

属性编辑

	属性名称	属性值	附加
1	名称	2KZ2	
2	类别	框架柱	□
3	截面编辑	否	
4	截面宽(B边)(mm)	500	□
5	截面高(H边)(mm)	500	□
6	全部纵筋		□
7	角筋	4Φ22	□
8	B边一侧中部筋	2Φ16	□
9	H边一侧中部筋	2Φ16	□
10	箍筋	Φ8@100/200	□
11	肢数	4*4	
12	柱类型	(中柱)	□
13	其他箍筋		
14	备注		□
15	+ 芯柱		
20	+ 其他属性		
33	+ 锚固搭接		
48	+ 显示样式		

属性编辑

	属性名称	属性值	附加
1	名称	2KZ1-A-100	
2	类别	框架柱	□
3	截面编辑	否	
4	截面宽(B边)(mm)	500	□
5	截面高(H边)(mm)	500	□
6	全部纵筋		□
7	角筋	4Φ18	□
8	B边一侧中部筋	2Φ16	□
9	H边一侧中部筋	2Φ16	□
10	箍筋	Φ8@100	□
11	肢数	4*4	
12	柱类型	(中柱)	□
13	其他箍筋		
14	备注		□
15	+ 芯柱		
20	+ 其他属性		
33	+ 锚固搭接		
48	+ 显示样式		

属性编辑

	属性名称	属性值	附加
1	名称	2KZ2-A-100	
2	类别	框架柱	□
3	截面编辑	否	
4	截面宽(B边)(mm)	500	□
5	截面高(H边)(mm)	500	□
6	全部纵筋		□
7	角筋	4Φ22	□
8	B边一侧中部筋	2Φ16	□
9	H边一侧中部筋	2Φ16	□
10	箍筋	Φ8@100	□
11	肢数	4*4	
12	柱类型	(中柱)	□
13	其他箍筋		
14	备注		□
15	+ 芯柱		
20	+ 其他属性		
33	+ 锚固搭接		
48	+ 显示样式		

图 3-6 二层框柱的属性

(三)绘制二层柱子

定义好了二层的框柱后，可以绘制二层的框柱。二层框柱的绘制按照一层框柱的绘制方法即可，在此不再赘述。

二、修改二层梁

（一）从首层复制梁构件图元到二层

按照第一节所介绍的方法从首层复制梁构件图元到二层，需要注意的是复制构件图元时选择“1KL1(2)、1KL2(2)、1KL5(5)、1KL6(5)、1KL7(5)、1L1(1)、1L2(1)、1L3(2)、1L4(1)、1L5(5)”。

（二）修改二层梁的属性

二层梁的属性与一层梁的属性并不完全一致，所以需要对复制到二层梁的属性进行修改。把1KL1(2)修改为2KL1(2)、1KL2(2)修改为2KL2(2)、1KL5(5)修改为2KL3(5)、1KL6(5)修改为2KL4(5)、1KL7(5)修改为2KL5(5)、1L1(1)修改为2L1(1)、1L2(1)修改为2L2(1)、1L3(2)修改为2L3(2)、1L4(1)修改为2L4(1)、1L5(5)修改为2L5(5)。修改后的二层梁的属性如图3-7所示。

属性编辑

	属性名称	属性值	附加
1	名称	2KL1(2)	
2	类别	楼层框架梁	□
3	截面宽度(mm)	250	□
4	截面高度(mm)	600	□
5	轴线距梁左边线距离(mm)	(125)	□
6	跨数量	2	□
7	箍筋	Φ8@100/200(2)	□
8	肢数	2	
9	上部通长筋	2Φ20	□
10	下部通长筋	3Φ18	□
11	侧面构造或受扭筋(总配筋值)	G2Φ12	□
12	拉筋	(Φ6)	□
13	其他箍筋		
14	备注		□
15	+ 其他属性		
23	+ 锚固搭接		
38	+ 显示样式		

属性编辑

	属性名称	属性值	附加
1	名称	2KL2(2)	
2	类别	楼层框架梁	□
3	截面宽度(mm)	250	□
4	截面高度(mm)	600	□
5	轴线距梁左边线距离(mm)	(125)	□
6	跨数量	2	□
7	箍筋	Φ8@100/200(2)	□
8	肢数	2	
9	上部通长筋	2Φ22	□
10	下部通长筋	3Φ25	□
11	侧面构造或受扭筋(总配筋值)	G2Φ12	□
12	拉筋	(Φ6)	□
13	其他箍筋		
14	备注		□
15	+ 其他属性		
23	+ 锚固搭接		
38	+ 显示样式		

属性编辑

	属性名称	属性值	附加
1	名称	2KL3(5)	
2	类别	楼层框架梁	□
3	截面宽度(mm)	250	□
4	截面高度(mm)	600	□
5	轴线距梁左边线距离(mm)	(125)	□
6	跨数量	5	□
7	箍筋	Φ8@100/200(2)	□
8	肢数	2	
9	上部通长筋	2Φ20	□
10	下部通长筋		□
11	侧面构造或受扭筋(总配筋值)	N2Φ12	□
12	拉筋	(Φ6)	□
13	其他箍筋		
14	备注		□
15	+ 其他属性		
23	+ 锚固搭接		
38	+ 显示样式		

属性编辑

	属性名称	属性值	附加
1	名称	2KL4(5)	
2	类别	楼层框架梁	□
3	截面宽度(mm)	250	□
4	截面高度(mm)	600	□
5	轴线距梁左边线距离(mm)	(125)	□
6	跨数量	5	□
7	箍筋	Φ10@100/200(2)	□
8	肢数	2	
9	上部通长筋	2Φ22	□
10	下部通长筋		□
11	侧面构造或受扭筋(总配筋值)	G2Φ12	□
12	拉筋	(Φ6)	□
13	其他箍筋		
14	备注		□
15	+ 其他属性		
23	+ 锚固搭接		
38	+ 显示样式		

图3-7　二层梁的属性

	属性名称	属性值	附加
1	名称	2KL5(5)	
2	类别	楼层框架梁	□
3	截面宽度(mm)	250	□
4	截面高度(mm)	600	□
5	轴线距梁左边线距离(mm)	(125)	□
6	跨数量	5	□
7	箍筋	ф8@100/200(2)	□
8	肢数	2	
9	上部通长筋	2Φ20	□
10	下部通长筋		□
11	侧面构造或受扭筋(总配筋值)	N2ф12	□
12	拉筋	(ф6)	□
13	其他箍筋		
14	备注		□
15	+ 其他属性		
23	+ 锚固搭接		
38	+ 显示样式		

	属性名称	属性值	附加
1	名称	2L1(1)	
2	类别	非框架梁	□
3	截面宽度(mm)	250	□
4	截面高度(mm)	500	□
5	轴线距梁左边线距离(mm)	(125)	□
6	跨数量	1	□
7	箍筋	ф8@200(2)	□
8	肢数	2	
9	上部通长筋	2Φ18	□
10	下部通长筋	3Φ20	□
11	侧面构造或受扭筋(总配筋值)	G2ф12	□
12	拉筋	(ф6)	□
13	其他箍筋		
14	备注		□
15	+ 其他属性		
23	+ 锚固搭接		
38	+ 显示样式		

	属性名称	属性值	附加
1	名称	2L2(1)	
2	类别	非框架梁	□
3	截面宽度(mm)	250	□
4	截面高度(mm)	500	□
5	轴线距梁左边线距离(mm)	(125)	□
6	跨数量	1	□
7	箍筋	ф8@200(2)	□
8	肢数	2	
9	上部通长筋	2Φ18	□
10	下部通长筋	3Φ22	□
11	侧面构造或受扭筋(总配筋值)	G2ф12	□
12	拉筋	(ф6)	□
13	其他箍筋		
14	备注		□
15	+ 其他属性		
23	+ 锚固搭接		
38	+ 显示样式		

	属性名称	属性值	附加
1	名称	2L3(2)	
2	类别	非框架梁	□
3	截面宽度(mm)	250	□
4	截面高度(mm)	500	□
5	轴线距梁左边线距离(mm)	(125)	□
6	跨数量	2	□
7	箍筋	ф8@200(2)	□
8	肢数	2	
9	上部通长筋	2Φ18	□
10	下部通长筋	3Φ20	□
11	侧面构造或受扭筋(总配筋值)	G2ф12	□
12	拉筋	(ф6)	□
13	其他箍筋		
14	备注		□
15	+ 其他属性		
23	+ 锚固搭接		
38	+ 显示样式		

	属性名称	属性值	附加
1	名称	2L4(1)	
2	类别	非框架梁	□
3	截面宽度(mm)	250	□
4	截面高度(mm)	500	□
5	轴线距梁左边线距离(mm)	(125)	□
6	跨数量	1	□
7	箍筋	ф6@200(2)	□
8	肢数	2	
9	上部通长筋	2Φ16	□
10	下部通长筋	3Φ20	□
11	侧面构造或受扭筋(总配筋值)	G2ф12	□
12	拉筋	(ф6)	□
13	其他箍筋		
14	备注		□
15	+ 其他属性		
23	+ 锚固搭接		
38	+ 显示样式		

	属性名称	属性值	附加
1	名称	2L5(5)	
2	类别	非框架梁	□
3	截面宽度(mm)	250	□
4	截面高度(mm)	400	□
5	轴线距梁左边线距离(mm)	(125)	□
6	跨数量	5	□
7	箍筋	ф8@200(2)	□
8	肢数	2	
9	上部通长筋	2Φ18	□
10	下部通长筋		□
11	侧面构造或受扭筋(总配筋值)		□
12	拉筋		□
13	其他箍筋		
14	备注		□
15	+ 其他属性		
23	+ 锚固搭接		
38	+ 显示样式		

续图 3-7

需要注意的是，在柱子“属性编辑”中，当修改类别、箍筋、肢数、上部通长筋、下部通长筋、侧面构造或受扭筋(总配筋值)、拉筋、其他箍筋的“属性名称”时，绘图区域的构件也会自动调整为修改后的配筋；当修改截面宽度、截面高度、轴线距梁左边线距离、跨数量的“属性名称”时，绘图区域的构件配筋不会自动调整为修改后的配筋，需要选中相应构件进行修改。

(三)绘制未复制过来的构件图元

复制首层梁构件图元时，首层的 1KL3(2)和 1KL4(2)未复制到二层，所以在二层⑦轴和⑪轴的位置缺少了两根梁，从图纸中可知，⑦轴线上的梁为 2KL2(2)，⑪轴线上的梁为 2KL1(2)。采用直线绘制的方法绘制上述两根梁即可。

(四)修改二层梁的原位标注

由图纸可知，首层梁的原位标注与二层梁不完全一样，所以当把首层梁复制到二层后，需要修改二层梁的原位标注信息。现以 2KL1(2)为例讲述梁原位标注的修改。

在画梁状态下，单击“选择”→单击“原位标注”→选择 2KL1(2)→填写原位标注信息，如图 3-8 所示。

图 3-8　2KL1(2)的原位标注

在绘图区可以看到，2KL1(2)的原位标注的钢筋信息如图 3-9 所示。

	跨号	上通长筋	上部钢筋			下部钢筋		侧面钢筋		
			左支座钢筋	跨中钢筋	右支座钢筋	下通长筋	下部钢筋	侧面通长筋	侧面原位标注筋	拉筋
1	1	2Φ20	4Φ20			3Φ18		G2Φ12		(Φ6)
2	2		4Φ20		4Φ20					(Φ6)

图 3-9　2KL1(2)的原位标注的钢筋信息

用同样的方法可以修改二层其他梁的原位标注信息。

三、修改二层板

按照第一节所介绍的方法从首层复制板构件图元到二层。由图纸可知，首层板与二层板完全一样，无须修改。

四、修改二层二次构件

其他二层构件，如墙体、门窗洞口、构造柱、过梁、圈梁等也可以采用同样的方法，对照图纸进行修改完善。需要注意的是，修改构件的顺序需按照绘图的顺序，避免遗漏。绘图区修改顺序，可以按照从左到右、从上到下，有序修改。

第四章　三层构件的绘制

第一节　构件图元的层间复制

前面第三章讲述了构件图元的层间复制有两种方法，在此采用“从其他楼层复制构件图元”的方法来建立第 3 层的所有构件。

（1）将界面切换至第 3 层，方法为：单击工具栏中的“第 2 层”右面的倒三角（如图 4-1 所示），在其下拉选项中选择第 3 层。

（2）单击菜单栏中的“楼层”，在其下拉菜单中选择“从其他楼层复制构件图元”（如图 4-2所示）。

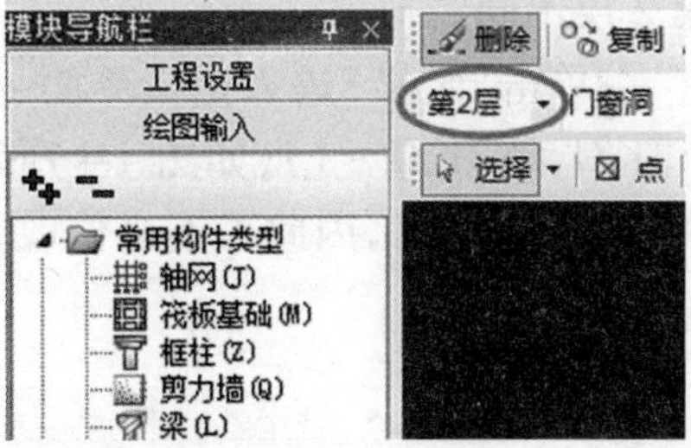

图 4-1　切换楼层

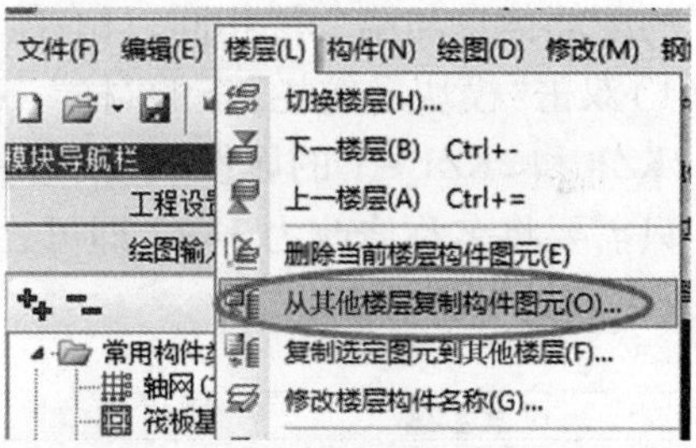

图 4-2　从其他楼层复制构件图元

（3）弹出“从其他楼层复制构件图元”对话框（如图 4-3 所示），默认的“源楼层选择”即为“第 2 层”，也可以根据需要修改为其他的源楼层，在此我们就把第 2 层作为源楼层，单击“确定”按钮。

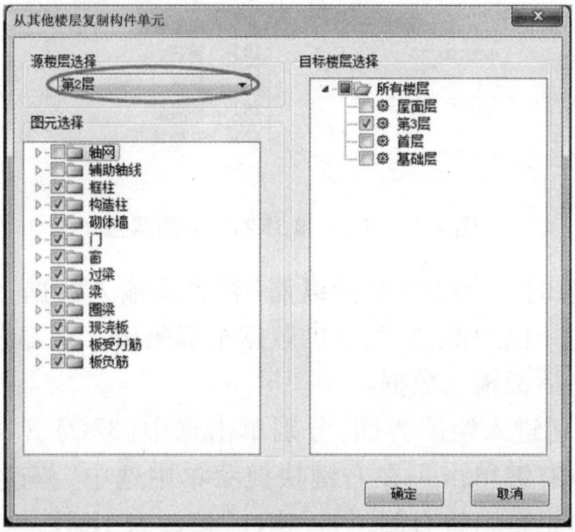

图 4-3　“从其他楼层复制构件图元”对话框

(4)复制完成后弹出“提示”对话框,单击“确定”按钮即可完成第3层构件的复制。

【知识扩展】

当楼层间构件的定义信息及图元的绘制位置相差较大时,也可以根据自己的绘图习惯选择只复制构件的定义信息,而不复制绘图区域的图元绘制位置,复制哪些构件可以根据自己的需要进行选择,方法如下:

切换绘图界面至第3层,单击菜单栏中的“构件”,在其下拉菜单中选择“从其他楼层复制构件图元”,根据实际工程需要来选择“源楼层”和“复制构件”。

第二节 修改构件

一、修改三层柱子

根据图纸“结施6/16”中的“(7.95~柱顶)标高柱平面配筋图”可知,第3层也有两种类型的柱子,与第2层的柱子对比发现,3KZ1的配筋信息以及绘图位置与第2层不同,3KZ2的配筋信息与第2层相同,只有绘图位置与第2层不同。

(1)双击“模块导航栏”下的“柱”→单击“框柱”→单击“定义”进入定义界面→分别修改2KZ1和2KZ1-1的属性(包括将名称修改为3KZ1和3KZ1-1),如图4-4所示,对2KZ2只需要将名称修改为3KZ2即可,由于图纸中没有3KZ2-1,因此可不必修改,待柱子修改完成后可将其删除。

	属性名称	属性值
1	名称	3KZ1
2	类别	框架柱
3	截面编辑	否
4	截面宽(B边)(mm)	500
5	截面高(H边)(mm)	500
6	全部纵筋	12⌀16
7	角筋	
8	B边一侧中部筋	
9	H边一侧中部筋	
10	箍筋	Φ8@100/200
11	肢数	4*4
12	柱类型	(中柱)
13	其他箍筋	

	属性名称	属性值
1	名称	3KZ1-1
2	类别	框架柱
3	截面编辑	否
4	截面宽(B边)(mm)	500
5	截面高(H边)(mm)	500
6	全部纵筋	12⌀16
7	角筋	
8	B边一侧中部筋	
9	H边一侧中部筋	
10	箍筋	Φ8@100
11	肢数	4*4
12	柱类型	(中柱)
13	其他箍筋	

图4-4 3KZ1和3KZ1-1的属性

注意:修改钢筋信息时,会发现“全部纵筋”栏无法输入数据,此时需要把“角筋”“B边一侧中部筋”和“H边一侧中部筋”后面的数据全部删掉,“全部纵筋”栏字体才会亮显,此时便可在“全部纵筋”后面输入数据。

(2)单击“绘图”按钮进入绘图界面,分别单击选中(3/C)、(7/C)、(9/C)和(11/C)轴线交点处的框架柱→右键单击→在右键快捷菜单中选中“修改构件图元名称”,弹出“修改构件图元名称”对话框→将右侧“目标构件”修改为3KZ1。

(3)单击选中(1/C)和(5/C)轴线交点处的框架柱→右键单击→在右键快捷菜单中

选中“修改构件图元名称”→将右侧“目标构件”修改为 3KZ1－1。

(4)单击选中(5/A)和(7/A)轴线交点处的框架柱→右键单击→在右键快捷菜单中选中“修改构件图元名称”→将右侧“目标构件”修改为 3KZ2。

再次检查所有图元是否和图纸一致，检查无误即可完成三层柱子的修改。

由于定义界面的 2KZ2－1 在绘制图元的过程中没有用到，为了保持工程清晰明了，可将其删掉。切换至定义界面，右键单击“删除”即可。

二、修改三层梁

根据图纸“结施 13/16”中的“11.45 标高梁平面配筋图”可知，第 3 层的梁与第 2 层的梁差距较大，第 3 层有 4 种类型的框架梁和 4 种类型的非框架梁，并且绘制的位置也与第 2 层有较大不同，我们首先修改定义界面梁的定义，然后逐一修改绘图区域的梁以及原位标注。

(1)双击“模块导航栏”下的“梁”→单击“梁”→单击“定义”进入定义界面→分别修改 2KL1～2KL4 的属性(包括将名称修改为 3KL1～3KL4)，再分别修改 2L1～2L4 的属性(包括将名称修改为 3L1～3L4)，如图 4-5～图 4-8 所示。

	属性名称	属性值
1	名称	3KL1
2	类别	楼层框架梁
3	截面宽度(mm)	250
4	截面高度(mm)	600
5	轴线距梁左边线距离(mm)	(125)
6	跨数量	
7	箍筋	Φ8@100/150(2)
8	肢数	2
9	上部通长筋	2Φ16
10	下部通长筋	3Φ16
11	侧面构造或受扭筋(总配筋值)	G2Φ12
12	拉筋	(Φ6)
13	其他箍筋	

	属性名称	属性值
1	名称	3KL2
2	类别	楼层框架梁
3	截面宽度(mm)	250
4	截面高度(mm)	600
5	轴线距梁左边线距离(mm)	(125)
6	跨数量	
7	箍筋	Φ8@100/200(2)
8	肢数	2
9	上部通长筋	2Φ16
10	下部通长筋	3Φ16
11	侧面构造或受扭筋(总配筋值)	G2Φ12
12	拉筋	(Φ6)
13	其他箍筋	

图 4-5　3KL1 和 3KL2 的属性

	属性名称	属性值
1	名称	3KL3
2	类别	楼层框架梁
3	截面宽度(mm)	250
4	截面高度(mm)	600
5	轴线距梁左边线距离(mm)	(125)
6	跨数量	
7	箍筋	Φ8@100/200(2)
8	肢数	2
9	上部通长筋	2Φ16
10	下部通长筋	3Φ16
11	侧面构造或受扭筋(总配筋值)	G2Φ12
12	拉筋	(Φ6)
13	其他箍筋	

	属性名称	属性值
1	名称	3KL4
2	类别	楼层框架梁
3	截面宽度(mm)	250
4	截面高度(mm)	600
5	轴线距梁左边线距离(mm)	(125)
6	跨数量	
7	箍筋	Φ8@100/150(2)
8	肢数	2
9	上部通长筋	2Φ16
10	下部通长筋	3Φ16
11	侧面构造或受扭筋(总配筋值)	G4Φ12
12	拉筋	(Φ6)
13	其他箍筋	

图 4-6　3KL3 和 3KL4 的属性

	属性名称	属性值
1	名称	3L1
2	类别	非框架梁
3	截面宽度(mm)	250
4	截面高度(mm)	500
5	轴线距梁左边线距离(mm)	(125)
6	跨数量	
7	箍筋	Φ10@200(2)
8	肢数	2
9	上部通长筋	2Φ16
10	下部通长筋	3Φ16
11	侧面构造或受扭筋(总配筋值)	G2Φ12
12	拉筋	(Φ6)
13	其他箍筋	

	属性名称	属性值
1	名称	3L2
2	类别	非框架梁
3	截面宽度(mm)	250
4	截面高度(mm)	500
5	轴线距梁左边线距离(mm)	(125)
6	跨数量	
7	箍筋	Φ10@200(2)
8	肢数	2
9	上部通长筋	2Φ16
10	下部通长筋	3Φ16
11	侧面构造或受扭筋(总配筋值)	G2Φ12
12	拉筋	(Φ6)
13	其他箍筋	

图 4-7 3L1 和 3L2 的属性

	属性名称	属性值
1	名称	3L3
2	类别	非框架梁
3	截面宽度(mm)	250
4	截面高度(mm)	500
5	轴线距梁左边线距离(mm)	(125)
6	跨数量	2
7	箍筋	Φ10@200(2)
8	肢数	2
9	上部通长筋	2Φ16
10	下部通长筋	3Φ16
11	侧面构造或受扭筋(总配筋值)	G2Φ12
12	拉筋	(Φ6)
13	其他箍筋	

	属性名称	属性值
1	名称	3L4
2	类别	非框架梁
3	截面宽度(mm)	250
4	截面高度(mm)	400
5	轴线距梁左边线距离(mm)	(125)
6	跨数量	
7	箍筋	Φ10@200(2)
8	肢数	2
9	上部通长筋	2Φ16
10	下部通长筋	3Φ16
11	侧面构造或受扭筋(总配筋值)	
12	拉筋	
13	其他箍筋	

图 4-8 3L3 和 3L4 的属性

(2)单击“绘图”按钮,进入绘图界面→单击“选择”按钮→同时按下【shift + L】键显示梁图元名称,按照从左到右、从上到下的顺序依次逐根检查并修改构件图元名称,方法同框架柱的修改。

3KL1 不用修改,由于对框架梁 1 而言,仅仅修改了框架梁 1 的公有属性,软件已自动将 2KL1 更换成了 3KL1,并且属性也自动更新,(1/A) 轴线和②轴线上的梁不用修改。但与框架柱不同的是,梁需要修改原位标注信息,方法如下:

单击选中①轴线上的 3KL1→单击“原位标注”按钮,出现梁平法标注表格→在表格中按照图纸上的标注修改 3KL1 的原位标注信息→单击梁原位标注平法表格左上角的“×”按钮关闭平法表格。用同样的方法修改 (1/A) 轴和②轴线上梁的原位标注信息。

(3)单击选中③轴线上的梁→右键单击→选择“修改构件图元名称”→弹出“修改构件图元名称”对话框,将右侧“目标构件”修改为 3KL1。

用同样的方法修改⑤轴线、⑥轴线、⑦轴线和⑨轴线上的梁为 3KL1。

(4)④轴线上的梁不用修改构件图元名称,仅需要修改原位标注信息,3L3 的原位标注信息均为空,因此删除原位标注信息即可。

(5)修改Ⓓ轴线、Ⓒ轴线、Ⓑ轴线和Ⓐ轴线上的梁分别为3KL4、3KL3、3L4和3KL2,并且修改其原位标注信息。

(6)③~⑪轴线上的梁均未修改原位标注信息,可用“应用到同名梁”进行修改。方法如下:单击“应用到同名梁”按钮→单击①轴线上的3KL1,弹出“应用范围选择”对话框→选择“所有同名称的梁”或者“同名称已识别的梁”(如图4-9所示)→单击“确定”按钮→提示“当前所选范围5道梁属性应用成功”,单击“确定”按钮,如图4-10所示。

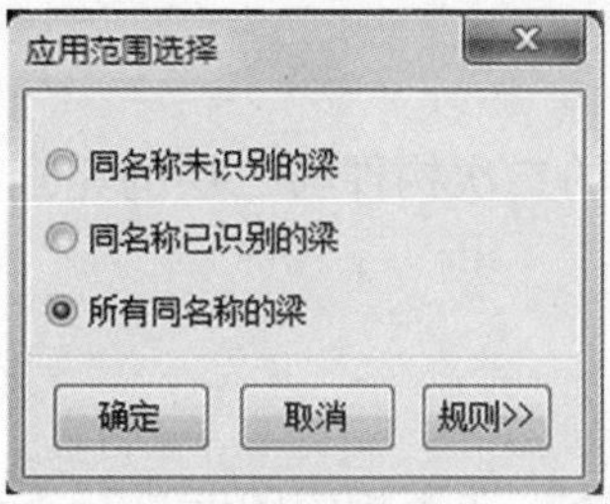

图4-9　“应用范围选择”对话框

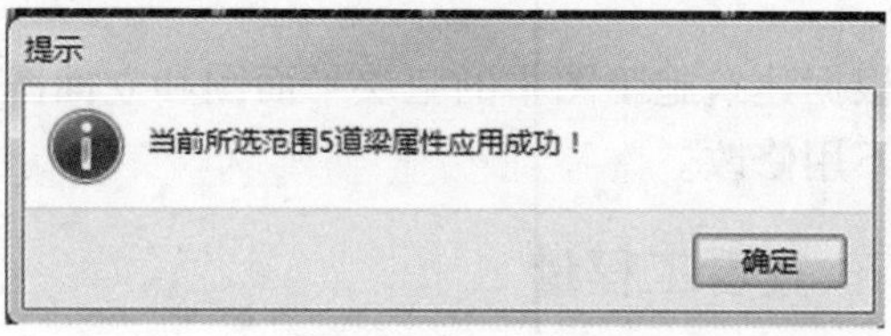

图4-10　“提示”对话框

用同样的方法将3L1和3L3应用到名称梁。

(7)在第1层和第2层梁的原位标注中③轴线和Ⓓ轴线上的梁的箍筋各有一跨原位标注,而第3层中没有特殊之处,因此需要修改成通长都一样,修改完成后如图4-11和图4-12所示(③轴线上的梁由于集中标注信息与第2层不同,正好两跨信息变成一致,因此不用修改,只需要检查即可)。

	跨号	钢筋	侧面钢筋			箍筋
		下部钢筋	侧面通长筋	侧面原位标注筋	拉筋	
1	1		G2ф12		(ф6)	ф8@100/150(2)
2	2				(ф6)	ф8@100/150(2)

图4-11　③轴线上梁箍筋信息

	跨号	钢筋	侧面钢筋			箍筋
		下部钢筋	侧面通长筋	侧面原位标注筋	拉筋	
1	1		G4ф12		(ф6)	ф8@100/150(2)
2	2				(ф6)	ф8@100/150(2)
3	3				(ф6)	ф8@100/150(2)
4	4				(ф6)	ф8@100/150(2)
5	5				(ф6)	ф8@100/150(2)

图4-12　Ⓓ轴线上梁箍筋信息

再次检查所有图元是否和图纸一致,检查无误即可完成三层梁的修改。

为了保持工程清晰明了,可将定义界面的2KL5和2L5删掉。切换至定义界面,右键单击删除即可。

三、修改三层板

根据图纸“结施9/16”中的“11.45标高结构布置图”可知,第3层没有板,因此,需要把三层的板及其相关配筋全部删除。方法如下：

双击“模块导航栏”下的“板”→单击“现浇板”→单击“选择”按钮→单击“批量选择”按钮，弹出“批量选择构件图元”对话框→勾选所有的“现浇板”“板受力筋”和“板负筋”→单击“确定”按钮→在任意处右键单击→选择“删除”。

为了保持工程清晰明了，可以到定义界面把板及其相关钢筋定义信息删掉，方法同上。

四、修改三层二次结构

根据建筑施工图中的三层平面图和立面图可知，三层的二次构件与二层的完全一致，因此不用修改。

五、查看工程量

单击“汇总计算”，汇总计算完毕后可点击“查看工程量”，选择相应图元进行查看。

第五章　屋面层构件的绘制

第一节　构件图元的层间复制

本层采用“从其他楼层复制构件图元”的方法来建立屋面层的所有构件。

(1)将界面切换至屋面层,如图 5-1 所示。

(2)单击菜单栏中的“楼层”,在其下拉菜单中选择“从其他楼层复制构件图元”,如图 5-2 所示。

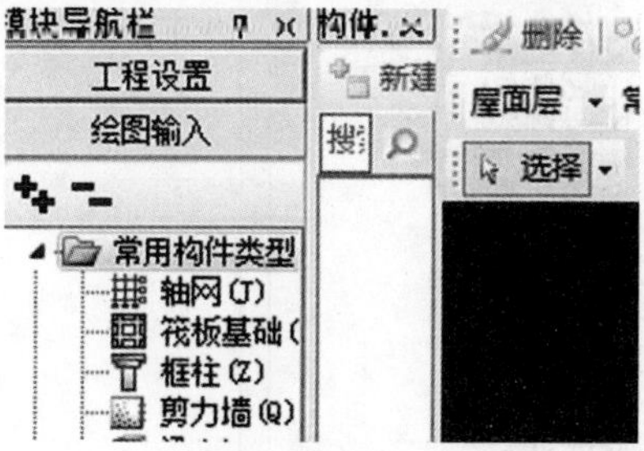

图 5-1　切换楼层

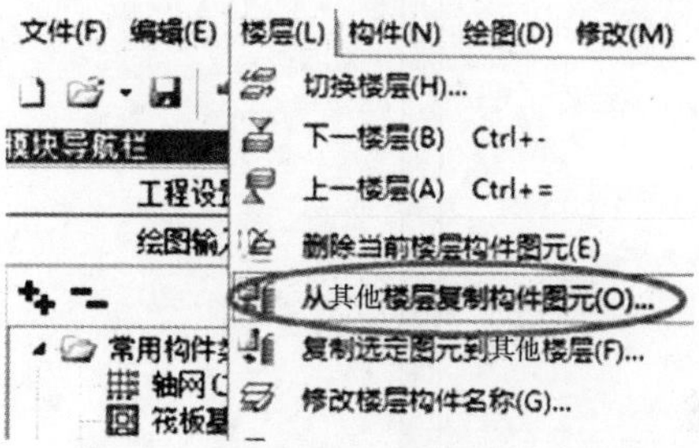

图 5-2　从其他楼层复制构件图元

(3)弹出“从其他楼层复制构件图元”对话框(如图 5-3 所示),默认的“源楼层选择”即为“第 3 层”,源楼层选择可根据图元构件的相近程度自行选择。

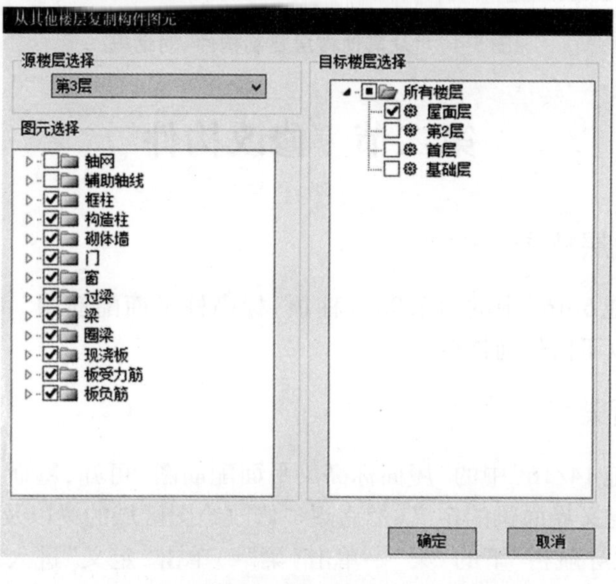

图 5-3　“从其他楼层复制构件图元”对话框

(4)复制完成后弹出“提示”对话框,单击“确定”即可完成屋面层构件的复制。

【知识扩展】

当楼层间构件的定义信息及图元的绘制位置相差较大时,也可以根据自己的绘图习惯选择只复制构件的定义,而不复制绘图区域的图元绘制,复制哪些构件可以根据自己的需要进行选择,方法如下:

切换绘图界面至第3层,单击菜单栏中的“构件”,在其下拉菜单中选择“从其他楼层复制构件图元”,根据实际工程需要自行选择“源楼层选择”和“复制构件”,如图5-4所示。

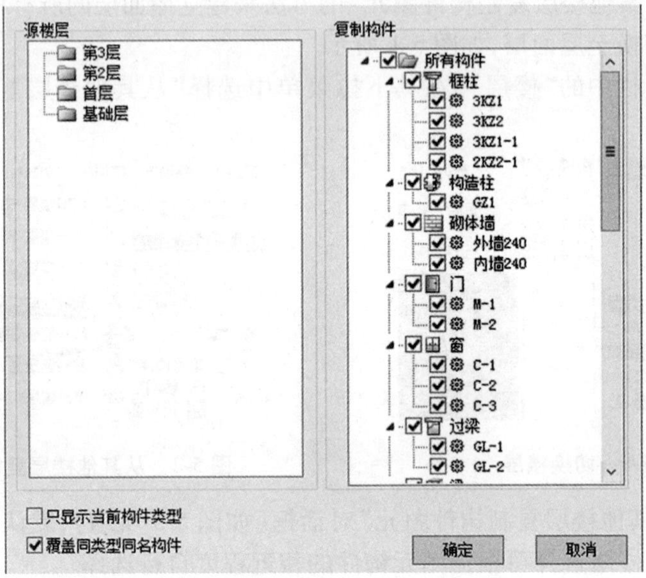

图5-4　“从其他楼层复制构件”对话框

第二节　修改构件

一、修改屋面层柱子

根据图纸“结施6/16”中的“(7.95~柱顶)标高柱平面配筋图”可知,本层柱与第3层完全相同,故可以不做任何修改。

二、修改屋面梁

根据图纸“结施14/16”中的“屋面标高梁平面配筋图”可知,屋面梁与第3层的梁差距较大,首先修改定义界面梁的定义,然后逐一修改绘图区域的梁以及梁的原位标注。

(1)双击“模块导航栏”下的“梁”→单击“梁”→单击“定义”进入定义界面→分别修改3KL1~3KL4的名称(名称分别修改为WKL1~WKL4)及属性→分别修改3L1、3L2的名称(名称分别修改为WL1、WL2)及属性,如图5-5~图5-7所示。

属性编辑器

	属性名称	属性值
1	名称	WKL1
2	类别	屋面框架梁
3	截面宽度(mm)	250
4	截面高度(mm)	600
5	轴线距梁左边线距离	(125)
6	跨数量	
7	箍筋	Φ8@100/200(2)
8	肢数	2
9	上部通长筋	2Φ18
10	下部通长筋	3Φ18
11	侧面构造或受扭筋	G2Φ12
12	拉筋	(Φ6)
13	其他箍筋	

属性编辑器

	属性名称	属性值
1	名称	WKL2
2	类别	屋面框架梁
3	截面宽度(mm)	250
4	截面高度(mm)	600
5	轴线距梁左边线距离	(125)
6	跨数量	
7	箍筋	Φ8@100/200(2)
8	肢数	2
9	上部通长筋	2Φ18
10	下部通长筋	
11	侧面构造或受扭筋	G2Φ12
12	拉筋	(Φ6)
13	其他箍筋	

图 5-5　WKL1 和 WKL2 的属性

属性编辑器

	属性名称	属性值
1	名称	WKL3
2	类别	屋面框架梁
3	截面宽度(mm)	250
4	截面高度(mm)	600
5	轴线距梁左边线距离	(125)
6	跨数量	5
7	箍筋	Φ8@100/200(2)
8	肢数	2
9	上部通长筋	2Φ18
10	下部通长筋	3Φ18
11	侧面构造或受扭筋	G2Φ12
12	拉筋	(Φ6)
13	其他箍筋	

属性编辑器

	属性名称	属性值
1	名称	WKL4
2	类别	屋面框架梁
3	截面宽度(mm)	250
4	截面高度(mm)	600
5	轴线距梁左边线距离	(125)
6	跨数量	5
7	箍筋	Φ8@100/200(2)
8	肢数	2
9	上部通长筋	2Φ18
10	下部通长筋	
11	侧面构造或受扭筋	G2Φ12
12	拉筋	(Φ6)
13	其他箍筋	

图 5-6　WKL3 和 WKL4 的属性

属性编辑器

	属性名称	属性值
1	名称	WL1
2	类别	非框架梁
3	截面宽度(mm)	250
4	截面高度(mm)	500
5	轴线距梁左边线距离	(125)
6	跨数量	2
7	箍筋	Φ8@200(2)
8	肢数	2
9	上部通长筋	2Φ16
10	下部通长筋	
11	侧面构造或受扭筋	G2Φ12
12	拉筋	(Φ6)
13	其他箍筋	

属性编辑器

	属性名称	属性值
1	名称	WL2
2	类别	非框架梁
3	截面宽度(mm)	250
4	截面高度(mm)	400
5	轴线距梁左边线距离	(125)
6	跨数量	5
7	箍筋	Φ6@200(2)
8	肢数	2
9	上部通长筋	2Φ18
10	下部通长筋	3Φ16
11	侧面构造或受扭筋	
12	拉筋	
13	其他箍筋	

图 5-7　WL1 和 WL2 的属性

(2)单击“绘图”按钮，进入绘图界面→单击“选择”按钮→同时按下【shift + L】键显示梁图元名称，按照从左到右、从上到下的顺序依次逐根检查并修改构件图元名称。

以 WKL1 为例修改梁的原位标注信息：单击选中①轴线上的 3KL1→单击“原位标注”按钮，出现梁平法标注表格→在表格中按照图纸上的标注修改 WKL1 的原位标注信息→单击梁原位标注平法表格左上角的“×”按钮关闭平法表格。用同样的方法修改其他轴线上梁的原位标注信息。

(3)单击选中①轴线上的梁→右键单击→选择“修改构件图元名称”→弹出“修改构件图元名称”对话框，将右侧“目标构件”修改为 WKL1，如图 5-8 所示。

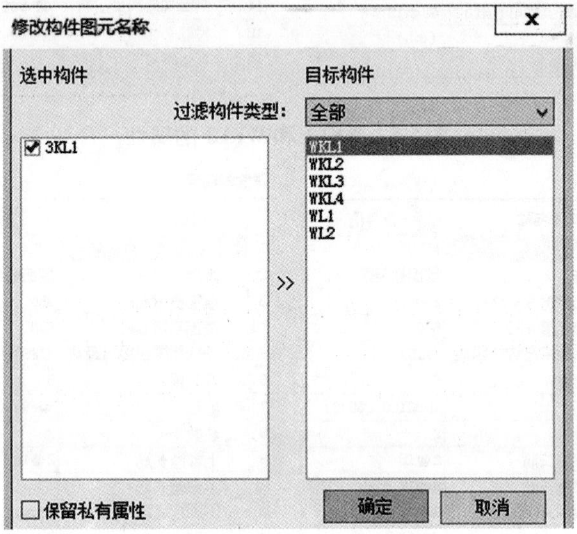

图 5-8 “修改构件图元名称”对话框

用同样的方法修改⑪轴线上的梁为 WKL1。

(4)修改③轴线、⑤轴线、⑦轴线和⑨轴线上的梁 WKL2，并且修改其原位标注信息，方法同 WKL1。

(5)修改Ⓐ轴线、Ⓓ轴线上的梁 WKL3 和 C 轴线上的梁 WKL2，并且修改其原位标注信息，方法同 WKL1。

(6)②轴线上的梁 WL1 与三层梁差别较大，重新定义再绘制，步骤同框架梁的定义及绘制过程，修改④轴、⑧轴、⑩轴线上的梁为 WL1，且修改梁的原位标注信息。

本层梁与其他层梁的定义和绘制差别较大，所以既可以复制其他层，也可以重新定义。在修改梁的原位标注信息时可以在修改某一根梁原位标注的基础上再复制绘制同种类型的梁。另外，还可以“应用到同名梁”进行修改。

(7)本工程“结施 13/16”“结施 14/16”中主次梁相交处标注有 6 支加密箍，直径同主梁，且未注明吊筋均为 2C16。根据图纸情况，在提取梁跨的前提下自动生成吊筋及加筋。

单击“自动生成吊筋”按钮，设置吊筋及加筋信息如图 5-9 所示，选择所有梁，单击右键确定即可。

本层梁的箍筋分为Φ8 和Φ6 两种类型，且多为Φ8，只有 WL2 为Φ6，故在填写加筋信息时设置为“6A8”,自动生成吊筋及加筋后再修改 WL2 的加筋信息即可。此外,也可以只设置次梁加筋为“6”,在生成吊筋及加筋后再逐个修改信息,如图 5-10 所示。

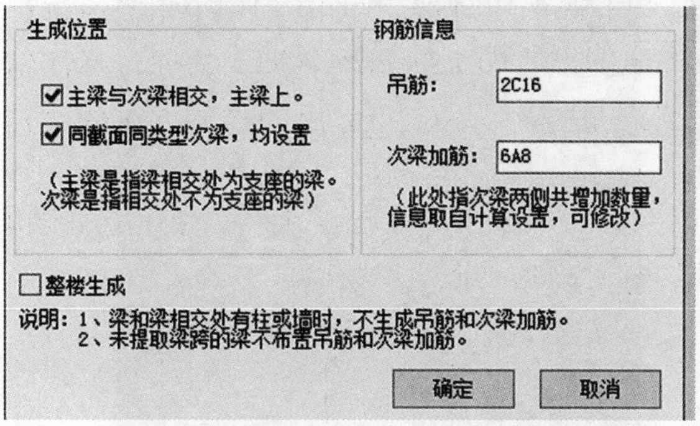

图 5-9　设置自动生成吊筋信息 1

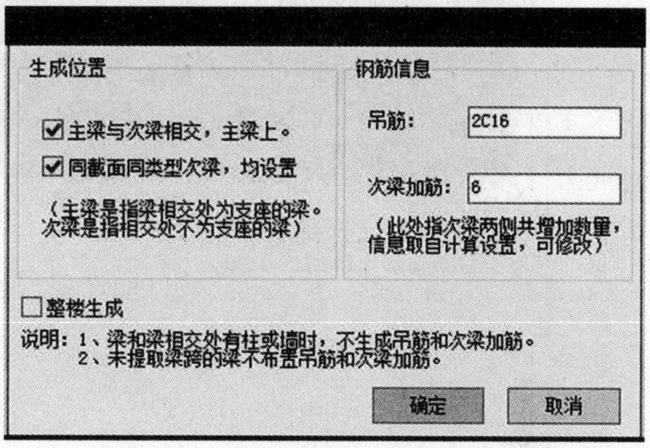

图 5-10　设置自动生成吊筋信息 2

三、修改屋面板

(一)修改屋面板

根据图纸“结施 10/16”中的“屋面标高结构布置及现浇板配筋图”可知,板厚为 120 mm。本层板与第 3 层板相差较大,但定义方法基本一致,修改步骤如下:

双击“模块导航栏”下的“板”→单击“现浇板”→新建(或修改)名称为 B120 的现浇板,编辑板的属性,如图 5-11 所示。

属性编辑

	属性名称	属性值	附加
1	名称	B120	
2	混凝土强度等级	(C30)	□
3	厚度(mm)	120	□
4	顶标高(m)	层顶标高	□
5	保护层厚度(mm)	(15)	□
6	马凳筋参数图	I 型	
7	马凳筋信息	⌀8@1000*1000	□
8	线形马凳筋方向	平行横向受力筋	□
9	拉筋		□
10	马凳筋数量计算方式	向上取整+1	□
11	拉筋数量计算方式	向上取整+1	□
12	归类名称	(B120)	□
13	汇总信息	现浇板	□
14	备注		□
15	+ 显示样式		

图 5-11　屋面板的属性编辑

马凳筋信息的编辑可按照习惯进行设置,如图 5-12 所示。

(二)修改板受力筋

根据图纸“结施 10/16”中的“屋面标高结构布置及现浇板配筋图”可知,板受力筋底筋和面筋均是直径为 8 mm 的三级钢筋,间距为 200 mm,与第 3 层受力筋相同。板受力筋

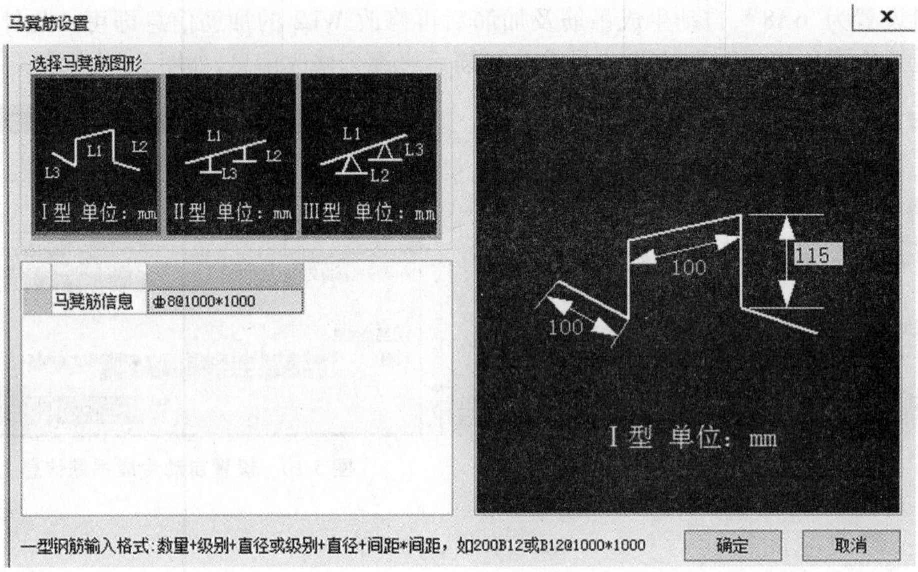

图 5-12　马凳筋设置

的修改过程如下：

定义板受力筋(SLJ)，该层有面筋和底筋，编辑底筋 SLJ－1 信息如图 5-13 所示，编辑面筋 SLJ－2 信息如图 5-14 所示。

属性编辑

	属性名称	属性值	附加
1	名称	SLJ-1	
2	钢筋信息	ф8@200	☑
3	类别	底筋	☑
4	左弯折(mm)	(0)	☐
5	右弯折(mm)	(0)	☐
6	钢筋锚固	(35)	
7	钢筋搭接	(49)	
8	归类名称	(SLJ-1)	☐
9	汇总信息	板受力筋	☐
10	计算设置	按默认计算设置计算	
11	节点设置	按默认节点设置计算	
12	搭接设置	按默认搭接设置计算	
13	长度调整(mm)		☐
14	备注		☐
15	+ 显示样式		

图 5-13　底筋 SLJ－1 属性编辑

属性编辑

	属性名称	属性值	附加
1	名称	SLJ-2	
2	钢筋信息	ф8@200	☑
3	类别	面筋	☑
4	左弯折(mm)	(0)	☐
5	右弯折(mm)	(0)	☐
6	钢筋锚固	(35)	
7	钢筋搭接	(49)	
8	归类名称	(SLJ-2)	☐
9	汇总信息	板受力筋	☐
10	计算设置	按默认计算设置计算	
11	节点设置	按默认节点设置计算	
12	搭接设置	按默认搭接设置计算	
13	长度调整(mm)		☐
14	备注		☐
15	+ 显示样式		

图 5-14　面筋 SLJ－2 属性编辑

其中“附加”栏打钩是为了显示其钢筋信息，以便区分其钢筋类别。

(三)屋面板的绘制

板的绘制主要有点绘制、矩形绘制、直线绘制、自动生成板等四种方法。本层应用矩形绘制最为简单，单击“矩形”按钮，选择两个对角点，完成板的绘制，如图 5-15 所示。

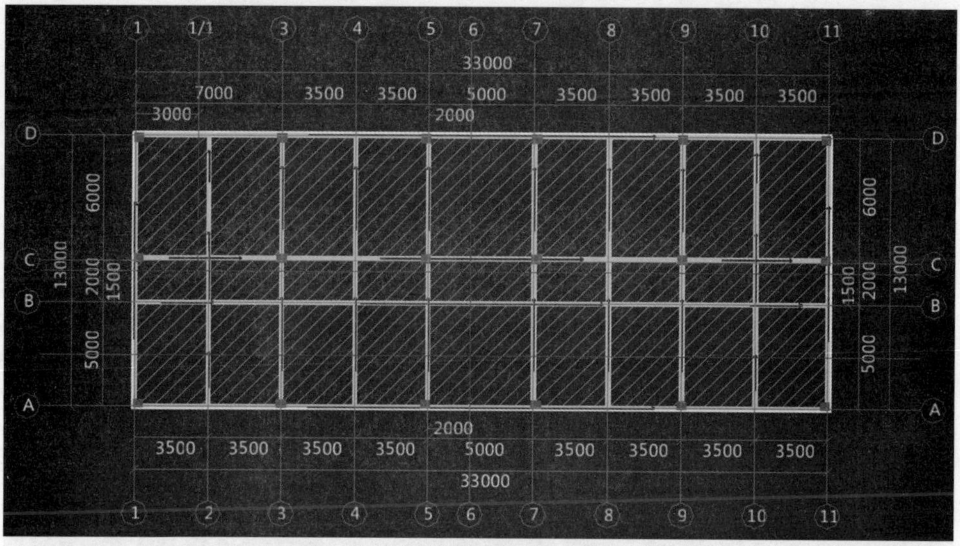

图 5-15　屋面板的绘制(一)

本工程属于四面坡屋顶,因此屋面板在绘制过程中需要分割成四部分。在分割过程中,分割点应选择中线,故需要增加一条辅助轴线(1/B)轴。值得注意的是,由于是顶层,需要将板的轮廓线对齐外结构线,以保证分割的准确性,如图 5-16 所示。

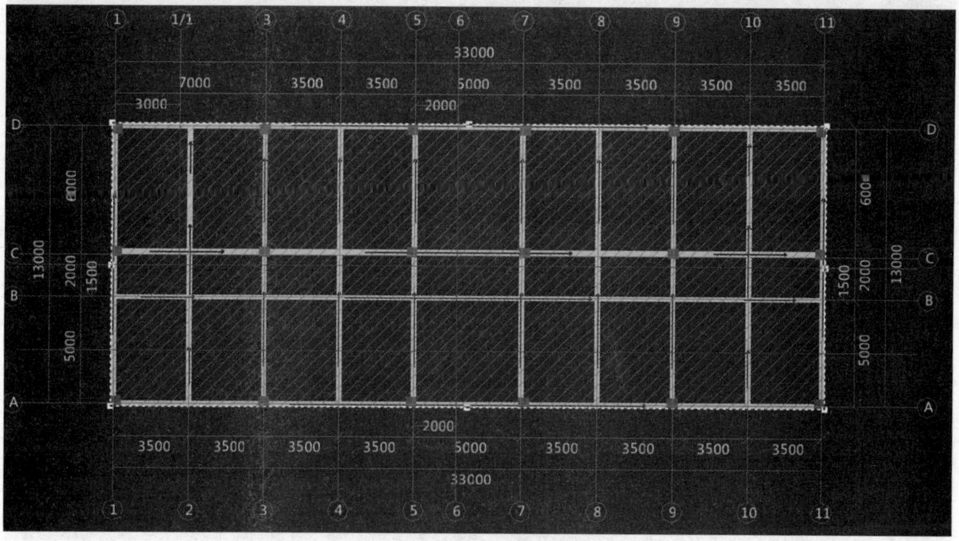

图 5-16　屋面板的绘制(二)

工程中如果需要把一整块板分割成几块板,常采用“分割”按钮来实现。操作步骤为:先选择需要分割的板图元;然后单击工具栏中的“分割”按钮,单击“直线”按钮,在图元区域画出分割的直线,单击右键即可。从左上角点开始画线,连接(1/B)轴与③轴、(1/B)轴与⑨轴的交点,直到右上角点结束,单击右键自动分割成功,如图 5-17 所示。

从左上角点开始画线,连接(1/B)轴与③轴交点、左下角点结束,单击右键自动分割成功;从左下角点开始画线,连接(1/B)轴与③轴、(1/B)轴与⑨轴的交点,直到右下角点结束,单击

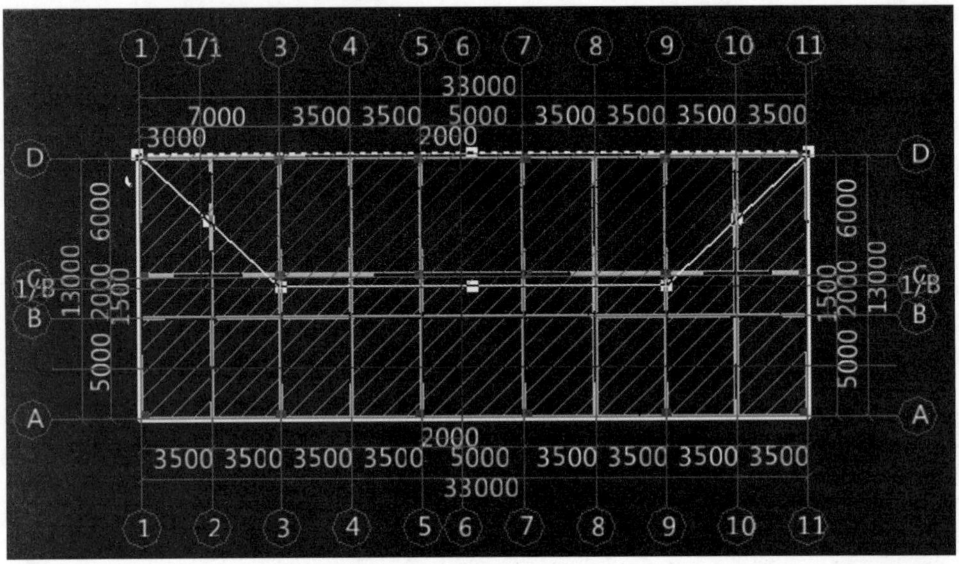

图 5-17　屋面板的分割过程

右键自动分割成功；从右上角点开始画线，连接1/B轴与⑨轴交点，直到右下角点结束，单击右键自动分割成功，最后分割结果如图 5-18 所示。

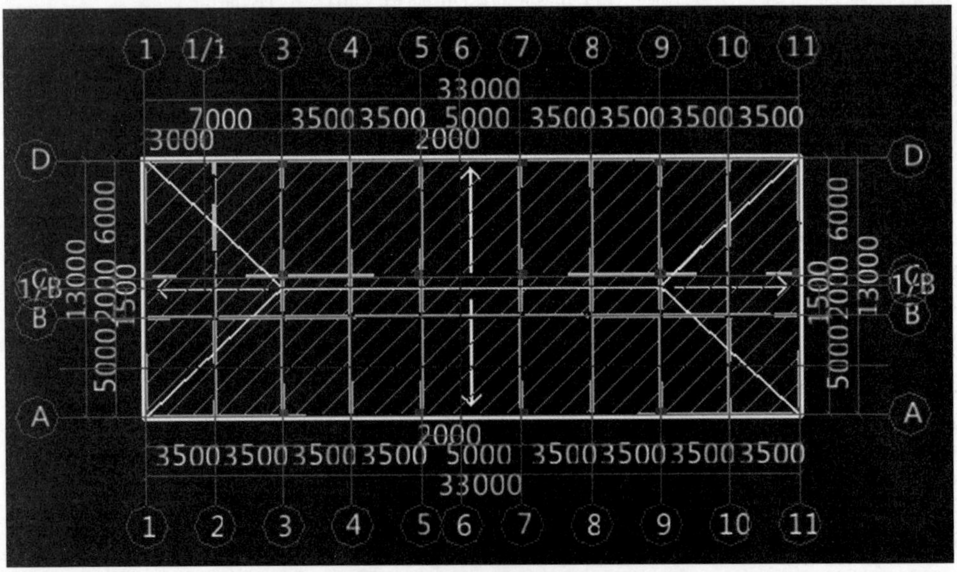

图 5-18　屋面板的分割结果

（四）板受力筋的绘制

根据图纸情况，本层板的受力筋按照“多板”“*XY* 方向”布筋最为简单，如图 5-19 所示。

图 5-19　板受力筋的绘制选择

在板的区域范围内，单击右键出现智能布置的界面，单击“确定”按钮即可完成，如图5-20所示。

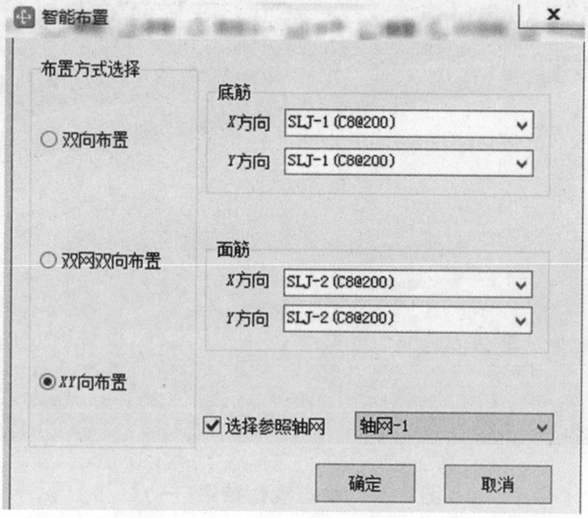

图5-20 板受力筋的智能布置

此方法较底筋和面筋单独绘制要简单一些。如单独绘制底筋或面筋，也可采用“多板”“水平（或垂直）”设置，结果是一样的，如图5-21所示。

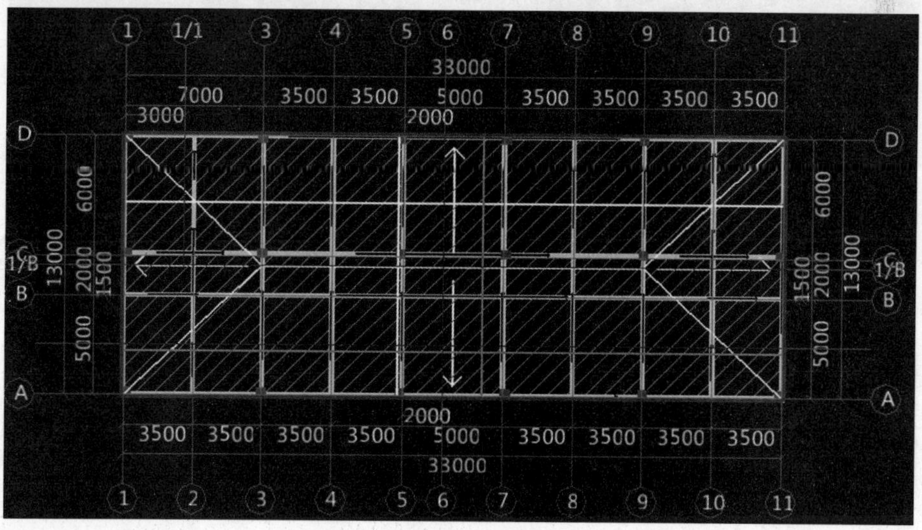

图5-21 板受力筋的绘制

（五）检查修整

在屋面板及受力筋绘制完成后，单击“动态观察”按钮，查看三维动画，结果如图5-22所示。

观察图5-22会发现顶层有多余梁，实际上此四条梁为屋面梁与三层梁的重合梁，所以删掉这四条梁即可，结果如图5-23所示。

为了使图片更加美观，可以利用“平齐板顶”功能（柱梁墙顶标高平齐板顶），此功能

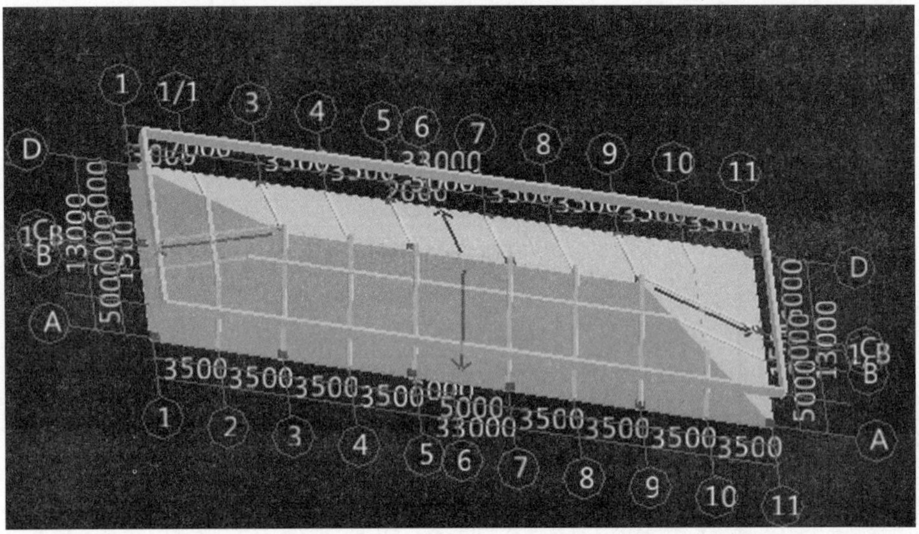

图 5-22　动态观察结果（一）

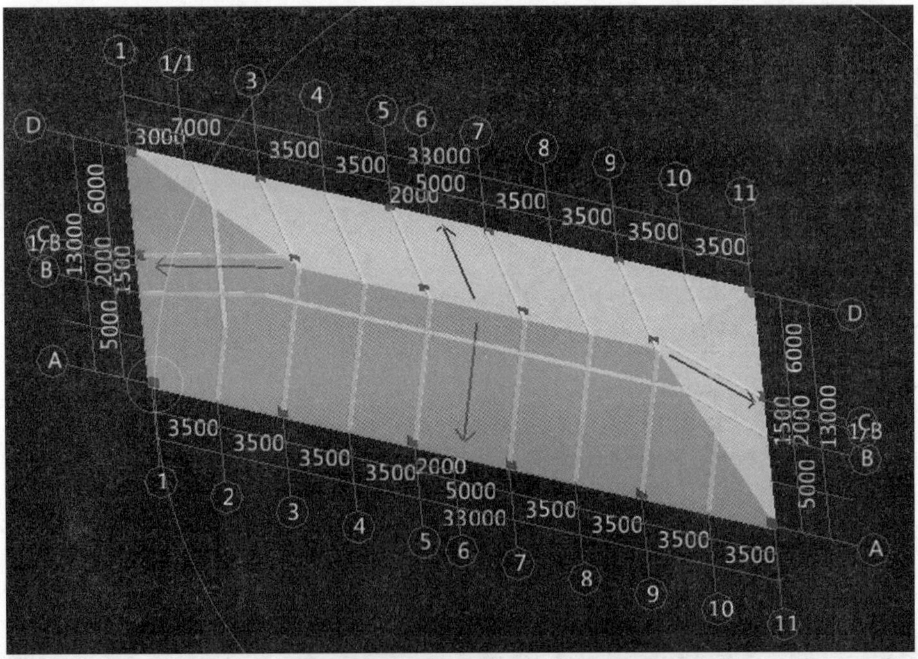

图 5-23　动态观察结果（二）

也可以在修改完二次结构后完成。

四、查看工程量

单击“汇总计算”，汇总计算完毕后可点击查看工程量选择相应图元进行查看。

第六章　基础层构件的定义和绘制

第一节　复制首层柱子到基础层

在绘制基础层构件时，需要将首层的柱子复制到基础层，具体的步骤如下：切换楼层到基础层→单击“楼层”下拉菜单→单击“从其他楼层复制构件图元”，弹出“从其他楼层复制构件图元”对话框→在“源楼层”下选择“首层”→在“图元选择”空白位置单击右键→单击“全部取消”→勾选“柱”→单击“确定”按钮，这样首层的框架柱就复制到了基础层。

第二节　独立基础的定义和绘制

一、独立基础的定义

根据图纸，本工程有两种独立基础，即 J－1 和 J－2，两种独立基础均为四棱锥台形的独立基础。独立基础 J－1 的定义过程如下：

(1)单击“模块导航栏”下“基础”前面的三角使其展开→单击“独立基础”→单击工具栏左上角的“定义”按钮，进入定义界面。

(2)单击“新建”按钮，出现下拉菜单→选择“新建独立基础”，此时软件默认的独立基础名称为“DJ－1”，可以根据图纸修改为“J－1”。

(3)单击“新建”按钮，出现下拉菜单→选择“新建参数化独立基础单元”，弹出“选择参数化图形”对话框，如图 6-1 所示。

(4)选择“四棱锥台形独立基础”，根据图纸，填写各参数下属性值如图 6-2 所示，单击“确定”按钮。

(5)根据图纸，填写配筋信息，即横向受力筋和纵向受力筋，如图 6-3 所示。

以上定义了 J－1 的属性，用同样的方法可以定义 J－2。J－2 的属性如图 6-4 所示。

二、独立基础的绘制

软件中提供了两种绘制独立基础的方法，即点绘和智能布置。点绘的方法比较简单，只需捕捉到柱子的中点即可。下面介绍智能布置独立基础的方法。

由图纸可知，本工程 KZ1 下的独立基础为 J－1，KZ2 下的独立基础为 J－2，所以可以采用按柱智能布置的方式绘制独立基础，具体的操作步骤如下：

(1)单击“基础”下拉菜单里的“独立基础”，选择“J－1”。

(2)单击“智能布置”下拉菜单，单击“柱”。

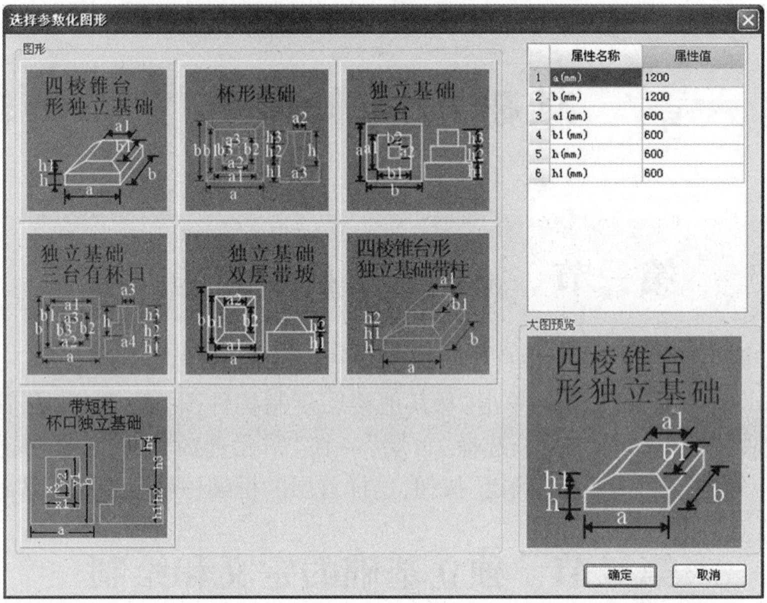

图 6-1 “选择参数化图形”对话框

	属性名称	属性值
1	a(mm)	2600
2	b(mm)	2600
3	a1(mm)	600
4	b1(mm)	600
5	h(mm)	300
6	h1(mm)	200

图 6-2 各参数下属性值

属性编辑

	属性名称	属性值	附加
1	名称	J-1	
2	截面形状	四棱锥台形独立基础	☐
3	截面长度(mm)	2600	☐
4	截面宽度(mm)	2600	☐
5	高度(mm)	500	☐
6	相对底标高(m)	(0)	☐
7	横向受力筋	⌀12@130	☐
8	纵向受力筋	⌀12@130	☐
9	其他钢筋		
10	备注		☐
11	+ 锚固搭接		

图 6-3 J－1 的配筋信息

	属性名称	属性值
1	a(mm)	3300
2	b(mm)	3300
3	a1(mm)	600
4	b1(mm)	600
5	h(mm)	300
6	h1(mm)	350

属性编辑

	属性名称	属性值	附加
1	名称	J-2	
2	长度(mm)	3300	☐
3	宽度(mm)	3300	☐
4	高度(mm)	650	☐
5	顶标高(m)	层底标高+0.65	☐
6	底标高(m)	层底标高	☐
7	扣减板/筏板面筋	全部扣减	☐
8	扣减板/筏板底筋	全部扣减	☐
9	计算设置	按默认计算设置计算	
10	搭接设置	按默认搭接设置计算	
11	保护层厚度(mm)	(50)	
12	汇总信息	独立基础	☐
13	备注		☐
14	+ 显示样式		

图 6-4 J－2 的属性

接下来可以直接框选布置 J－1 的柱子，单击鼠标右键即可布置 J－1。由于本工程中所有的 KZ1 下的独立基础均为 J－1，为了简便起见，可以采用“批量选择”的方法。

（3）单击“批量选择”按钮，弹出“批量选择构件图元”对话框，勾选“1KZ1”和“1KZ1－A－100”，单击“确定”按钮，单击右键结束，这样“J－1”就布置好了。

（4）用同样的方法可以布置 J－2。布置好的独立基础如图 6-5 所示。

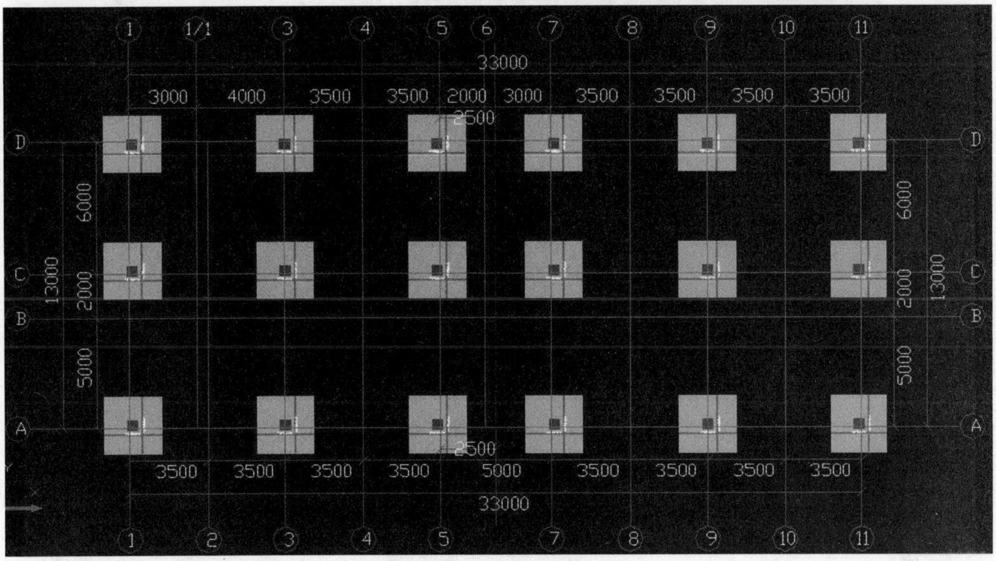

图 6-5　独立基础的布置

第三节　条形基础的定义和绘制

一、条形基础的定义

由图纸可知，本工程不但有独立基础，还有条形基础。本工程的条形基础下部是混凝土条形基础，上部是砖基础，所以在定义时需要先设置一个条形基础构件，然后分多层定义基础构件单元。顶层单元设砖基础，建立“参数化条形基础单元”，选“等高砖大放脚”；底层单元设置混凝土条形基础，可以建立“参数化条形基础单元”。具体操作步骤如下：

（1）单击“模块导航栏”下“基础”前面的三角使其展开→单击“条形基础”→单击工具栏左上角的“定义”按钮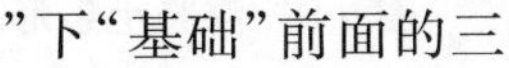，进入定义界面。

（2）单击“新建”按钮，出现下拉菜单，选择“新建条形基础”，此时软件默认条形基础的名称为“TJ－1”，可以根据图纸进行修改，本工程可以不修改。

（3）单击“新建”按钮，出现下拉菜单，选择“新建参数化条形基础单元”，弹出“选择参数化图形”对话框，如图 6-6 所示。

（4）选择“四棱锥台截面条基”，根据图纸，填写各参数下属性值如图 6-7 所示，单击“确定”按钮。

（5）根据图纸，填写混凝土条形基础的配筋信息，如图 6-8 所示。

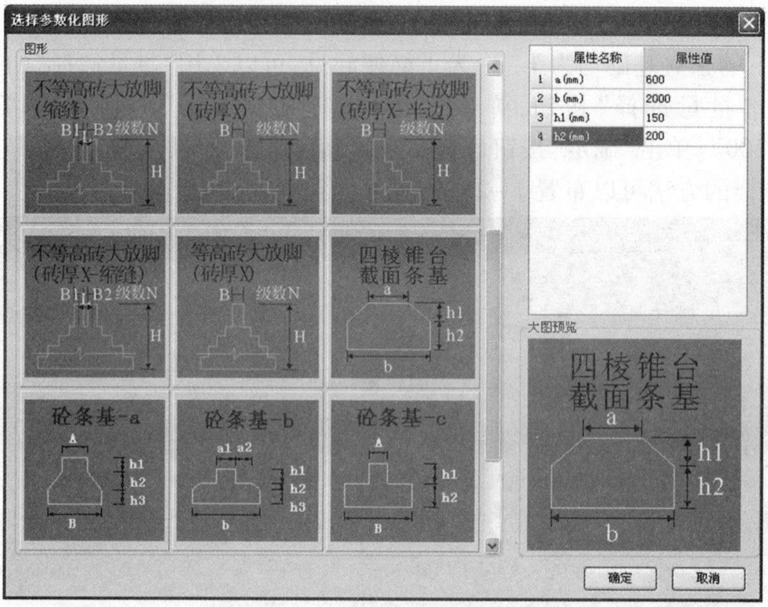

注:图中“砼”字表示混凝土,下同。

图 6-6 “选择参数化图形”对话框

	属性名称	属性值
1	a(mm)	600
2	b(mm)	2000
3	h1(mm)	150
4	h2(mm)	200

图 6-7 各参数下属性值

属性编辑

	属性名称	属性值	附加
1	名称	TJ-1-1	
2	截面形状	四棱锥台截面条基	☐
3	宽度(mm)	2000	☐
4	高度(mm)	350	☐
5	相对偏心距(mm)	0	☐
6	相对底标高(m)	(0)	☐
7	受力筋	ф10@200	☐
8	分布筋	ф8@200	☐
9	其他钢筋		
10	偏心条形基础	否	☐
11	备注		☐
12	+ 锚固搭接		

图 6-8 混凝土条形基础的配筋信息

(6)单击“新建”按钮,出现下拉菜单,选择“新建参数化条形基础单元”,弹出“选择参数化图形”对话框,如图 6-6 所示。

(7)选择“等高砖大放脚”,根据图纸,填写参数值如图 6-9 所示。

	属性名称	属性值
1	B(mm)	240
2	H(mm)	850
3	N	1

图 6-9 等高砖基础大放脚的属性

(8)单击“确定”按钮,本工程的条形基础即定义完成。

二、条形基础的绘制

条形基础的绘制方法有直线绘制、智能布置等。本工程可以采用直线绘制的方法绘制条形基础。此绘制方法比较简单,在此不再赘述。

第七章 楼梯的定义和绘制

楼梯的钢筋量计算包括梯柱、梯梁、休息平台板和楼梯斜板。在实际工程中,可以按照前面几章的方法来定义和绘制梯柱、梯梁和休息平台板。楼梯斜板的钢筋工程量一般在单构件输入中进行计算。

第一节 梯柱的定义和绘制

根据图纸“结施 15/16”中“甲、乙楼梯结构(一)”完成楼梯梯柱的绘图输入。

(1)单击“模块导航栏”下绘图输入中的“框柱”→单击“定义”→单击“新建”→单击“新建矩形框柱”,在属性编辑中修改名称为“TZ”,并输入 TZ 的其他钢筋信息,如图 7-1 所示。

	属性名称	属性值	附加
1	名称	TZ	
2	类别	框架柱	☐
3	截面编辑	否	
4	截面宽(B边)(mm)	250	☐
5	截面高(H边)(mm)	250	☐
6	全部纵筋		☐
7	角筋	4⌀14	☐
8	B边一侧中部筋		☐
9	H边一侧中部筋		☐
10	箍筋	⌀6@100	☐
11	肢数	2*2	
12	柱类型	(中柱)	☐
13	其他箍筋		
14	备注		☐

图 7-1 TZ 的属性定义

(2)定义完成后,单击工具栏中的“绘图”按钮→把鼠标放在(1/1)轴和Ⓓ轴的交点处→同时按下【shift + 鼠标左键】→在弹出的“输入偏移量”对话框中输入 $X = 0$, $Y = -250$(Ⓓ轴上梁的宽度一半为 125 mm,TZ 宽度的一半为 125 mm,因此向下偏移值输入 -250)→单击“确定”按钮。

(3)把鼠标放在①轴和Ⓓ轴的交点处→同时按下【shift + 鼠标左键】→在弹出的“输入偏移量”对话框中输入 $X = 0$, $Y = -(1\ 520 - 125)$→单击“确定”按钮→把鼠标放在(1/1)轴和Ⓓ轴的交点处→同时按下【shift + 鼠标左键】→在弹出的“输入偏移量”对话框中输入 $X = 0$, $Y = -1395$→单击“确定”按钮。

(4)用同样的方法绘制⑥轴、⑦轴与Ⓒ轴、Ⓓ轴之间的楼梯梯柱。

(5)用第三章讲述的楼层间复制的功能绘制二层的梯柱,注意:在定义二层 TZ 时,其他属性中的“起点顶标高”和“终点顶标高”应修改为“层底标高 + 1. 75”。

(6)单击“汇总计算”,查看钢筋量。

第二节　梯梁的定义和绘制

根据图纸“结施 15/16”“结施 16/16”中“楼梯的结构图”完成楼梯梯梁的绘图输入,根据图纸可知,本工程共有四种类型的梯梁,具体绘制方法如下:

(1)单击“模块导航栏”下绘图输入中的“梁”→单击“定义”→单击“新建”→单击“新建矩形梁”→在属性编辑中修改名称为“TL0”,并输入 TL0 的其他钢筋信息,如图 7-2 所示。注意:在此需要修改 TL0 的标高,方法为:单击属性编辑中的“其他属性”前面的加号展开其他属性,修改“起点顶标高”和“终点顶标高”均为“层底标高”。

	属性名称	属性值	附加
1	名称	TL0	
2	类别	楼层框架梁	□
3	截面宽度(mm)	250	□
4	截面高度(mm)	400	□
5	轴线距梁左边线距离(mm)	(125)	□
6	跨数量		□
7	箍筋	ф6@200(2)	□
8	肢数	2	
9	上部通长筋	3ф16	□
10	下部通长筋	3ф16	□
11	侧面构造或受扭筋(总配筋值)		□
12	拉筋		□
13	其他箍筋		
14	备注		□
15	− 其他属性		
16	汇总信息	梁	□
17	保护层厚度(mm)	(25)	□
18	计算设置	按默认计算设置计算	
19	节点设置	按默认节点设置计算	
20	搭接设置	按默认搭接设置计算	
21	起点顶标高(m)	层底标高	□
22	终点顶标高(m)	层底标高	□

图 7-2　TL0 的属性定义

(2)定义完成以后,单击工具栏中的“绘图”按钮→单击(1/C)轴交点→单击⑴⁄₁轴和Ⓒ轴交点→单击右键。

(3)用同样的方法定义 TL1、TL2 和 TL3 的属性,注意:修改 TL1、TL2 和 TL3 的“起点顶标高”和“终点顶标高”均为“层底标高 + 2. 25”。

(4)定义完成 TL1、TL2 和 TL3 的属性后,按照图纸“结施 15/16”的“甲、乙楼梯结构(一)”在软件中绘制 TL1、TL2 和 TL3 到相应的位置。

(5)单击“选择”→批量选择→在 TL0、TL1、TL2 和 TL3 前分别打上对钩→单击“确定”按钮→单击“批量识别梁支座”→弹出“提示”对话框→单击“确定”按钮。

(6)用同样的方法完成⑥轴、⑦轴与Ⓒ轴、Ⓓ轴之间的楼梯梯梁。

(7)用同样的方法完成二层的梯梁,注意:二层没有 TL0,且二层的 TL1、TL2 和 TL3 的“起点顶标高”和“终点顶标高”均设置为“层底标高 +1.75”。

(8)单击“汇总计算”,查看钢筋量。

第三节　梯板的定义和绘制

(1)单击“模块导航栏”下绘图输入中的“现浇板”→单击“定义”→单击“新建”→单击“新建现浇板”→在属性编辑中修改名称为“TB4”,板厚为 100,顶标高为“层底标高 +2.25”,如图 7-3 所示。

	属性名称	属性值	附加
1	名称	TB4	
2	混凝土强度等级	(C30)	☐
3	厚度(mm)	100	☐
4	顶标高(m)	层底标高+2.25	☐
5	保护层厚度(mm)	(15)	☐
6	马凳筋参数图		
7	马凳筋信息		☐
8	线形马凳筋方向	平行横向受力筋	☐
9	拉筋		☐
10	马凳筋数量计算方式	向上取整+1	☐
11	拉筋数量计算方式	向上取整+1	☐
12	归类名称	(TB4)	☐
13	汇总信息	现浇板	☐
14	备注		☐
15	⊞ 显示样式		

图 7-3　TB4 的属性定义

(2)定义完成后,单击工具栏中的“绘图”按钮→单击“矩形”→单击(1/D)轴交点→单击⑴⁄₁轴和 TZ 下边线的交点→单击右键。

(3)单击“板受力筋”→单击“定义”→单击“新建”→新建板受力筋→在属性编辑中修改名称为 TBSLJ,钢筋信息为 A8 - 150。

(4)单击“绘图”→单击“单板”→单击“XY 方向”→弹出“智能布置”对话框→布置方式选择“双网双向布置”→钢筋信息选择“TBSLJ(A8@150)”,如图 7-4 所示→单击“确定”按钮。

(5)单击“汇总计算”,查看钢筋量。

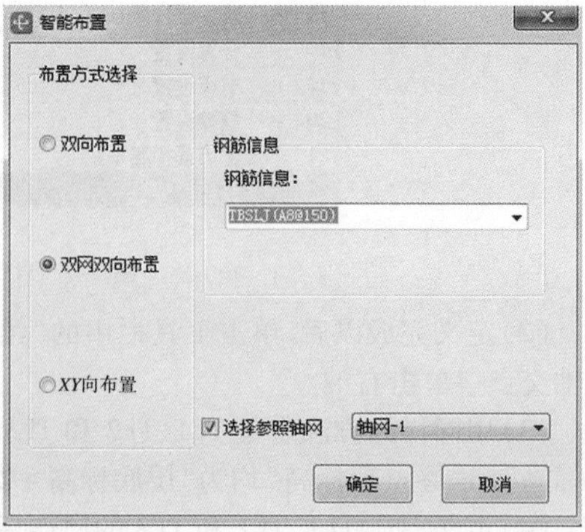

图 7-4　TB4 受力筋智能布置

第四节　斜板钢筋量计算

楼梯斜板的钢筋量一般在“单构件输入”中进行计算，以楼梯斜板 TB1 为例，具体步骤如下：

（1）单击“模块导航栏”下的“单构件输入”→单击工具栏中的“构件管理”→弹出“单构件输入构件管理”对话框→“单击“楼梯”→单击“添加构件”→单击“确定”按钮→单击“参数输入”，弹出“参数输入法”对话框→单击“选择图集”→单击“双网双向 A－E 楼梯”前面的三角→选择“AT 型楼梯”→单击右下角的“选择”按钮→修改“双网双向—AT 型楼梯”的配筋信息，梯板厚度修改为 100，踏步段总高为 2 250，踏步宽 × 踏步数 = 300 × 13，梯板分布钢筋为 A8 －200，梯板上部纵筋和下部纵筋均为 B12 －175，如图 7-5 所示→单击“计算退出”按钮。

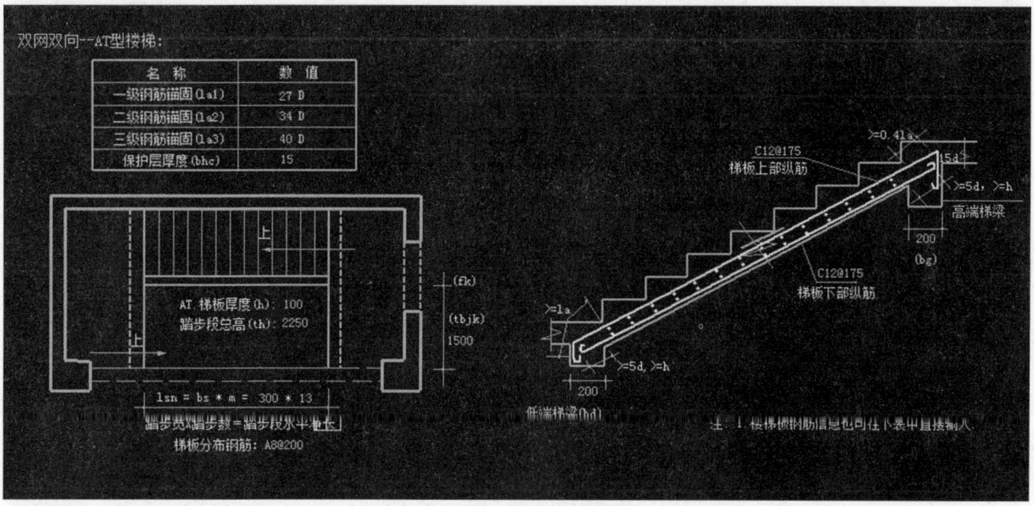

图 7-5　TB1 钢筋信息

（2）用同样的方法输入并计算 TB2 的钢筋工程量。

（3）二层的 TB3 由于“单构件输入”中没有相对应的图集，可以采用手工计算的方式进行计算，也可以从单构件图集中选用一个类似的楼梯图进行估算。

（4）全部完成后，单击“汇总计算”→选择全部楼层→单击“计算”，查看整个工程的钢筋量。

第二部分　土建算量

第八章　新建图形工程

（1）左键双击“广联达 BIM 土建算量软件 GCL2013”图标启动软件，进入“欢迎使用 GCL2013”界面，如图 8-1 所示。

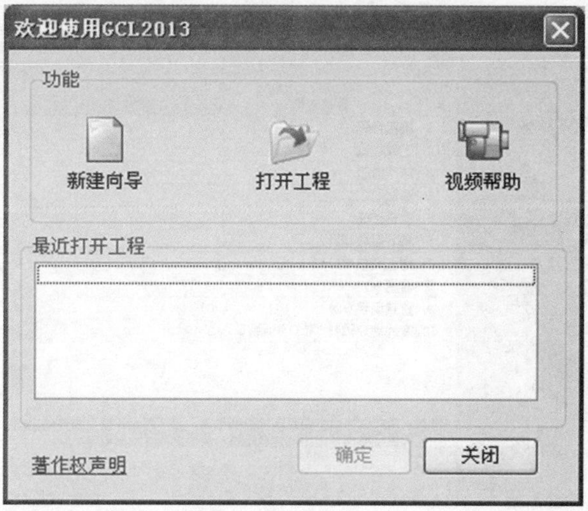

图 8-1　新建向导

（2）左键单击“欢迎使用 GCL2013”界面上的“新建向导”，进入“新建工程：第一步，工程名称”界面，如图 8-2 所示。

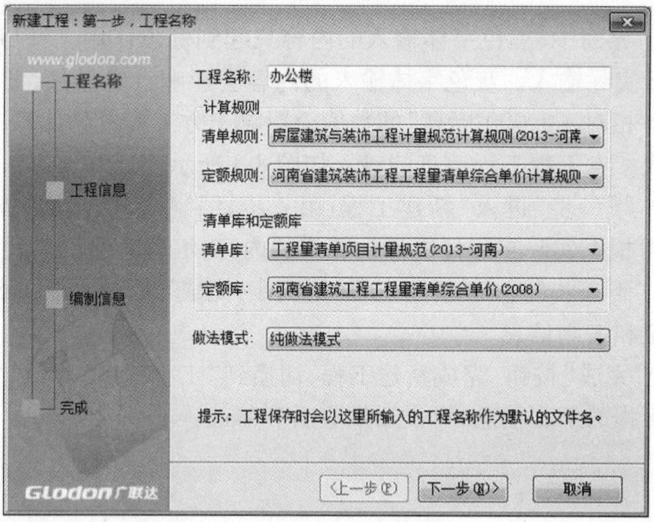

图 8-2　新建工程：工程名称

在工程名称界面中，“工程名称”按照图纸名称输入，保存时会作为默认的文件名，本工程名称输入“办公楼”。

计算规则包括清单规则和定额规则。清单规则选择“房屋建筑与装饰工程计量规范计算规则(2013－河南)”,定额规则选择“河南省建筑装饰工程工程量清单综合单价计算规则(2008)－13清单”。清单规则和定额规则选定了之后,软件自动匹配清单库和定额库,如图8-2所示。

做法模式:软件提供了纯做法模式和工程量表模式可供选择。工程量表模式与纯做法模式的区别在于:针对构件需要计算的工程量给出参考列项。本工程选择纯做法模式。

(3)左键单击“下一步”进入“新建工程:第二步,工程信息”界面,如图8-3所示。

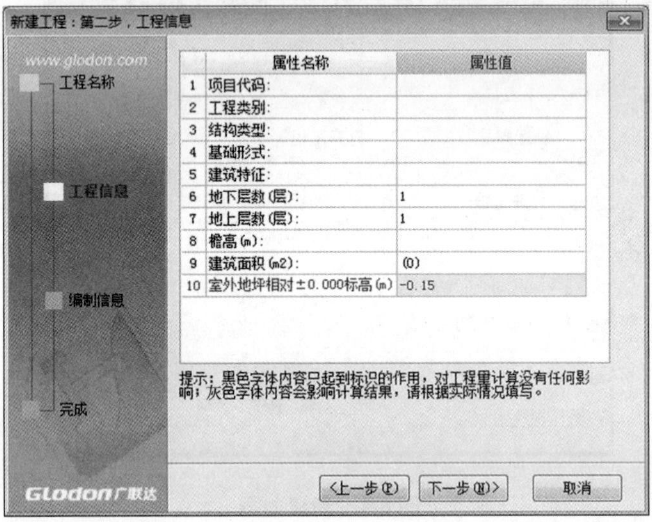

注:图中“m2”应为m^2,下同。

图8-3 新建工程:工程信息

在“工程信息”界面中,黑色字体输入的内容只起到标志作用,所以地上层数、地下层数也可以不按图纸实际输入。灰色字体输入的内容会影响计算结果,要根据实际情况输入,所以“室外地坪相对±0.000标高”的数值会影响土方工程量的计算,需要根据实际工程的情况进行输入。本工程工程信息的输入如图8-3所示。

(4)左键单击“下一步”进入“新建工程:第三步,编制信息”界面,如图8-4所示。在“编制信息”界面可根据实际工程情况添加相应的内容,汇总时会反映到报表中。

(5)左键单击“下一步”进入“新建工程:第四步,完成”界面,如图8-5所示,“完成”界面显示了工程信息和编制信息。

(6)左键单击“完成”按钮,完成新建工程,切换到“工程信息”界面,如图8-6所示,该界面显示了新建工程的工程信息,可供后期查看和修改。

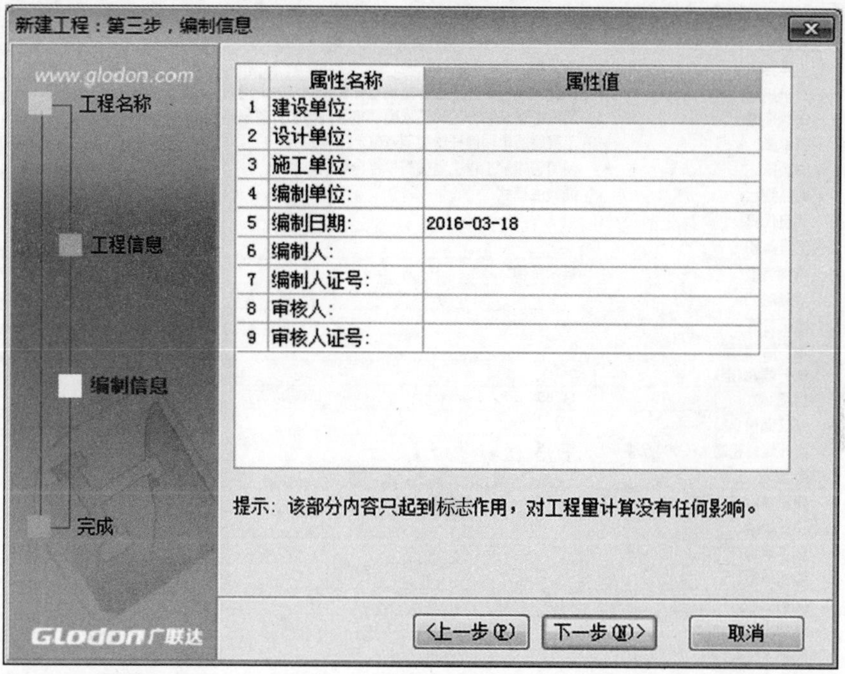

图 8-4　新建工程:编制信息

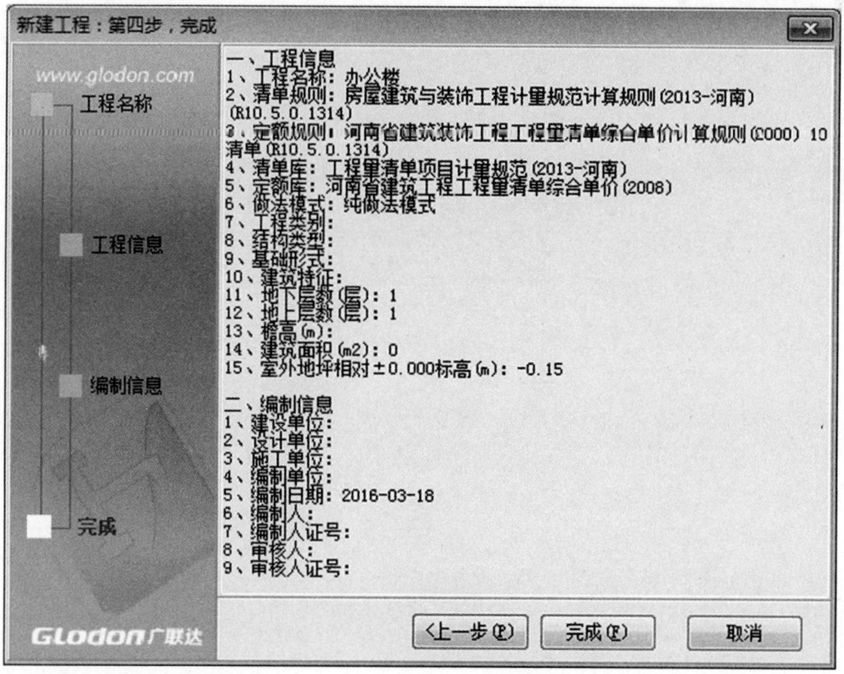

图 8-5　新建工程:完成

	属性名称	属性值
1	⊟ 工程信息	
2	工程名称:	办公楼
3	清单规则:	房屋建筑与装饰工程计量规范计算规则(2013-河南)(R10.5.0.1314)
4	定额规则:	河南省建筑装饰工程工程量清单综合单价计算规则(2008)-13清单(R10.5.0.1314)
5	清单库:	工程量清单项目计量规范(2013-河南)
6	定额库:	河南省建筑工程工程量清单综合单价(2008)
7	做法模式:	纯做法模式
8	项目代码:	
9	工程类别:	
10	结构类型:	框架结构
11	基础形式:	
12	建筑特征:	
13	地下层数(层):	0
14	地上层数(层):	0
15	檐高(m):	11.65
16	建筑面积(m2):	(0)
17	室外地坪相对±0.000标高(m):	-0.15
18	⊟ 编制信息	
19	建设单位:	
20	设计单位:	
21	施工单位:	
22	编制单位:	
23	编制日期:	2015-12-17
24	编制人:	
25	编制人证号:	
26	审核人:	
27	审核人证号:	

图 8-6　工程信息

第九章　工程导入

第一节　导入钢筋(GGJ)工程

新建工程完成之后,可以按照图形算量软件的操作模式进行轴网的建立、楼层构件的绘制等,这种直接绘制的方法在没有钢筋工程模型的情况下可以采用。对于本工程来说,在前七章介绍了钢筋算量模型的建立,也就是所有包含钢筋的构件已经绘制好了。在这种情况下可以把钢筋模型直接导入到图形算量模型中,避免重复操作。具体操作步骤如下:

(1)新建工程完毕,进入图形算量的起始界面,左键单击"文件",在下拉菜单中选择"导入钢筋(GGJ)工程",如图 9-1 所示。

(2)单击"导入钢筋(GGJ)工程",弹出"打开"对话框,选择钢筋文件所在位置,如图 9-2所示。

图 9-1　导入钢筋(GGJ)工程

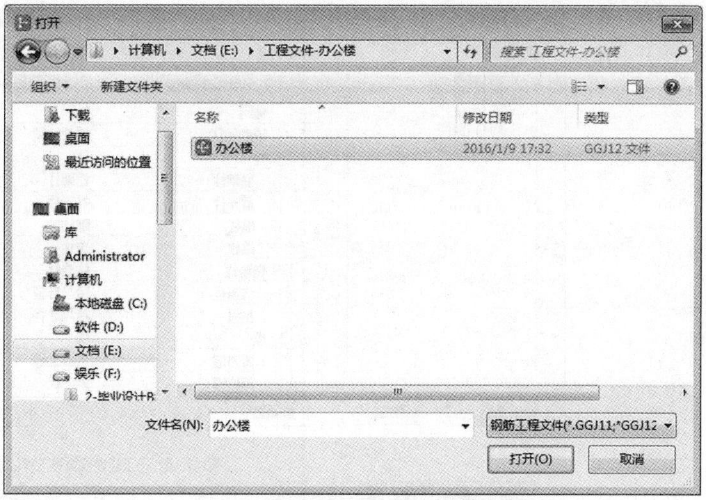

图 9-2　"打开"对话框

(3)单击"打开"对话框中的"打开"按钮,弹出"提示"对话框,如图 9-3 所示。

图 9-3　"提示"对话框

(4)单击"提示"对话框右下方的"确定"按钮,弹出"层高对比"对话框,单击"按照钢筋层高导入”按钮,如图 9-4 所示。

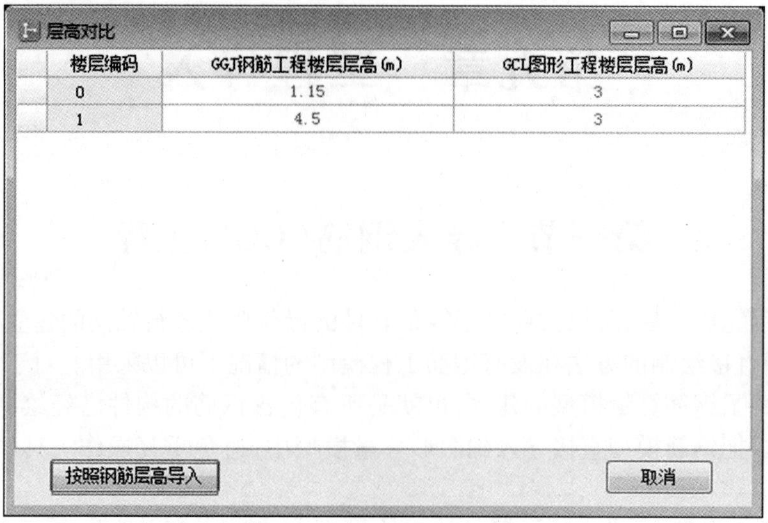

图 9-4 “层高对比”对话框

(5)弹出如图 9-5 所示的对话框,在此对话框中可以选择导入的构件。在“楼层列表”下方单击“全选”,在“构件列表”中可以根据需要自行选择,选择后单击“确定”按钮。

图 9-5 导入 GGJ 文件

(6)导入完成后出现如图 9-6 所示的“提示”对话框,单击“确定”按钮完成导入。

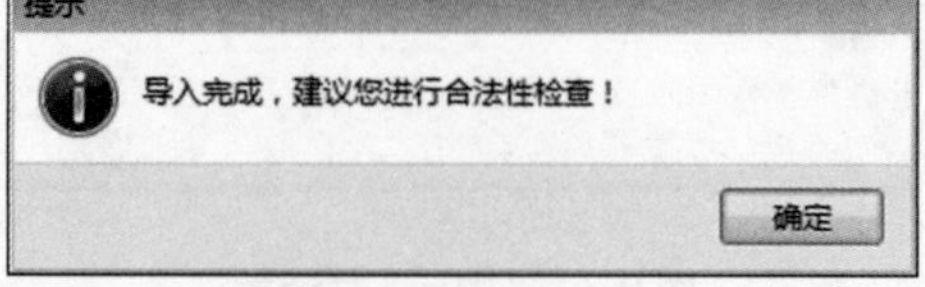

图 9-6 “提示”对话框

(7)单击“确定”按钮后,软件会提示“是否保存工程”,选择“保存”即可。

第二节　套用做法

将钢筋文件导入到图形中后,需要进行套用做法操作。套用做法是指构件按照计算规则计算汇总出做法工程量,方便进行同类项汇总,同时与计价软件数据接口。构件套做法可以通过手动添加清单定额、查询清单定额库添加、查询匹配清单定额添加、查询匹配外部清单添加来进行。在图形算量软件中需要对所有的构件都套用做法,下面以1KZ1为例套用做法,具体的操作步骤如下:

(1)单击“模块导航栏”下的“绘图输入”→单击“柱”前面的三角使其展开→双击下一级“柱”,此时的1KZ1已经存在。

(2)单击定义界面的“查询匹配清单”,双击“矩形柱”,如图9-7所示。

示意图　查询匹配清单　查询匹配定额　查询清单库　查询匹配外部清单　查询措施　查询定额库

	编码	清单项	单位
1	010401009	实心砖柱	m3
2	010401010	多孔砖柱	m3
3	010402002	砌块柱	m3
4	010403005	石柱	m3
5	010502001	矩形柱	m3
6	010502003	异形柱	m3
7	010509001	矩形柱	m3/根
8	010509002	异形柱	m3/根
9	011702002	矩形柱	m2
10	011702004	异形柱	m2

图9-7　查询匹配清单

(3)单击定义界面的“查询匹配定额”,双击“4-16”定额子目,如图9-8所示。

示意图　查询匹配清单　查询匹配定额　查询清单库　查询匹配外部清单　查询措施　查询定额库

	编码	名称	单位	单价
1	4-14	矩形柱柱断面周长(m)1.2以内(C20-40(32.5水泥)现浇碎石砼)	10m3	3323.19
2	4-15	矩形柱柱断面周长(m)1.8以内(C20-40(32.5水泥)现浇碎石砼)	10m3	3146.71
3	4-16	矩形柱柱断面周长(m)1.8以上(C20-40(32.5水泥)现浇碎石砼)	10m3	3132.42
4	4-17	异形柱(C20-40(32.5水泥)现浇碎石砼)	10m3	3146.71
5	4-18	圆柱直径(m)0.5以内(C20-40(32.5水泥)现浇碎石砼)	10m3	3269.23
6	4-19	圆柱直径(m)0.5以上(C20-40(32.5水泥)现浇碎石砼)	10m3	3099.11
7	4-195	商品混凝土运输费运距3km内	10m3	197.12
8	4-196	商品混凝土运输费运距每增加1km	10m3	32.31
9	4-197	现场搅拌混凝土加工费	10m3	450.08
10	12-72	矩形柱模板柱断面周长1.2m以内	10m3	5543.9
11	12-73	矩形柱模板柱断面周长1.8m以内	10m3	3192.64
12	12-74	矩形柱模板柱断面周长1.8m以上	10m3	2567.77
13	12-75	异形柱模板	10m3	4018.56
14	12-76	圆柱模板直径0.5m以内	10m3	7273.34
15	12-77	圆柱模板直径0.5m以上	10m3	3144.18
16	12-78	层高超高模板增加费每超高1m矩形柱	10m3	168.28
17	12-79	层高超高模板增加费每超高1m圆柱	10m3	239.66

注:图中的“m3”应为m^3,下同。

图9-8　查询匹配定额

1KZ1 的做法如图 9-9 所示。

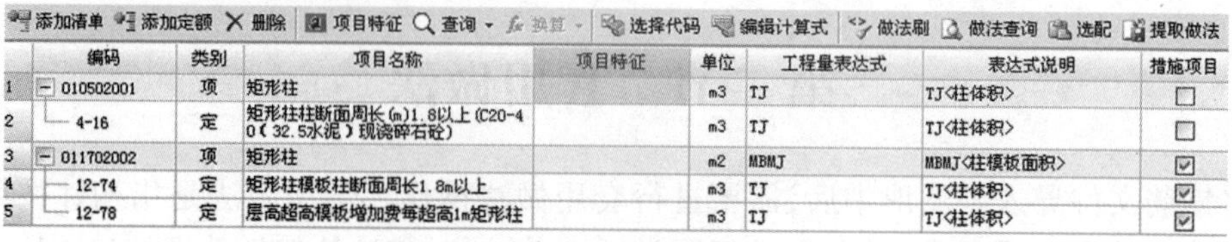
添加清单 添加定额 删除 项目特征 查询 换算 选择代码 编辑计算式 做法刷 做法查询 选配 提取做法

	编码	类别	项目名称	项目特征	单位	工程量表达式	表达式说明	措施项目
1	010502001	项	矩形柱		m3	TJ	TJ<柱体积>	☐
2	4-16	定	矩形柱柱断面周长(m)1.8以上(C20-40(32.5水泥)现浇碎石砼)		m3	TJ	TJ<柱体积>	☐
3	011702002	项	矩形柱		m2	MBMJ	MBMJ<柱模板面积>	☑
4	12-74	定	矩形柱模板柱断面周长1.8m以上		m3	TJ	TJ<柱体积>	☑
5	12-78	定	层高超高模板增加费每超高1m矩形柱		m3	TJ	TJ<柱体积>	☑

图 9-9　1KZ1 的做法

用同样的方法可以为其他的构件套用做法。

第十章　其他工程量的计算

钢筋文件导入到图形文件中，有些不含钢筋的构件在钢筋模型中没有绘制，例如平整场地、建筑面积、台阶、散水等，所以需要在图形算量软件中绘制这些构件。

第一节　建筑面积的定义和绘制

一、建筑面积的定义

单击“模块导航栏”下的“绘图输入”→单击“其他”前面的三角使其展开→双击下一级“建筑面积”→单击“新建”，出现下拉菜单，单击选择“新建建筑面积”→修改名称为“建筑面积”，如图 10-1所示。

属性编辑框

属性名称	属性值	附加
名称	建筑面积	
底标高(m)	层底标高	☐
建筑面积计算	计算全部	☐
备注		☐
+ 计算属性		
+ 显示样式		

图 10-1　建筑面积的属性

二、建筑面积的绘制

单击“绘图”按钮进入绘图界面→在“建筑面积”的状态下，单击“点”按钮→单击外墙内任意一点，建筑面积就布置好了，如图 10-2 所示。

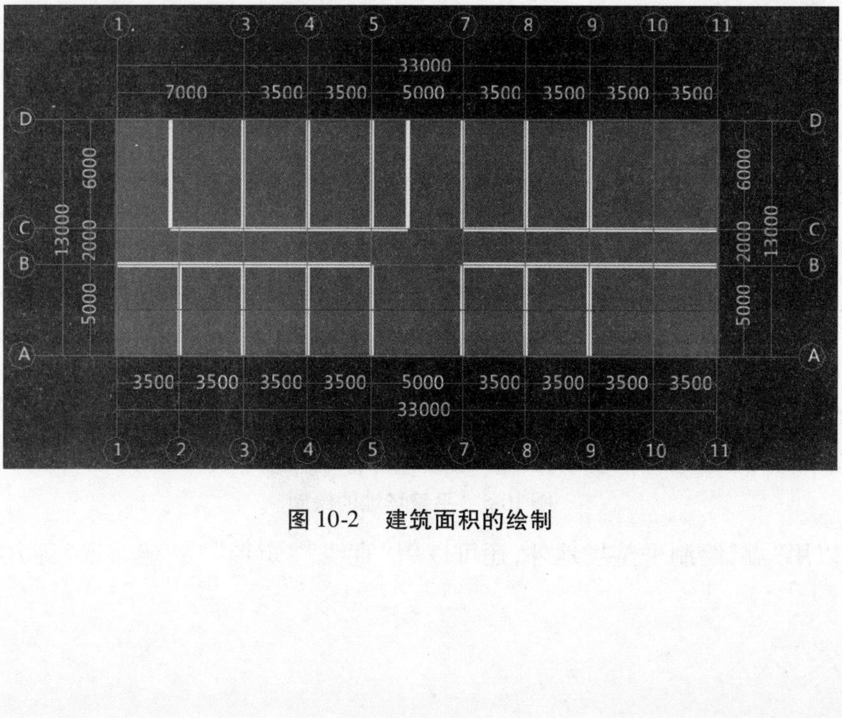

图 10-2　建筑面积的绘制

第二节　平整场地的定义和绘制

一、平整场地的定义

在“模块导航栏”中单击“其他”前面的三角按钮使其展开→双击下一级“平整场地”→单击“新建”，出现下拉菜单，单击选择“新建平整场地”。在下方的“属性编辑框”中填写平整场地的信息，如图 10-3 所示。

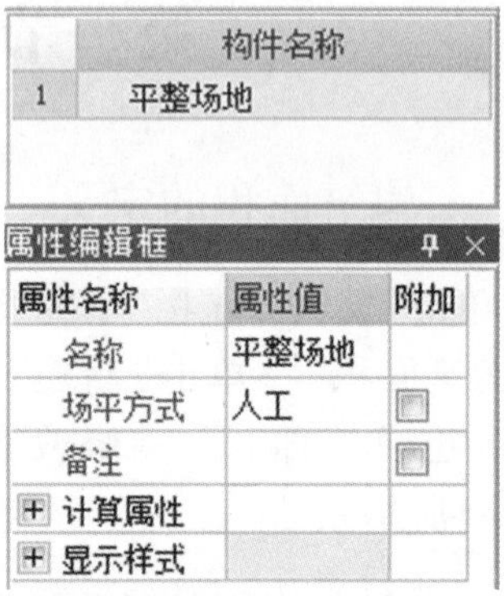

图 10-3　平整场地属性编辑

二、平整场地做法套用

单击定义界面的“查询匹配清单”选择平整场地的实体项目清单，双击“平整场地”。单击“查询匹配定额”选择平整场地的实体项目定额，双击“平整场地”。平整场地的做法如图 10-4 所示。

三、平整场地的绘制

单击“绘图”按钮进入绘图界面→在画平整场地的状态下，单击“点”按钮→单击外墙内任意一点，平整场地就布置好了，如图 10-5 所示。

	编码	类别	项目名称	项目特征	单位	工程量表达式	表达式说明	措施项目	专业
1	010101001	项	平整场地		m2	MJ	MJ<平整场地面积>		建筑工程
2	1-1	定	平整场地		m2	MJ	MJ<平整场地面积>		建筑

图 10-4　平整场地的做法

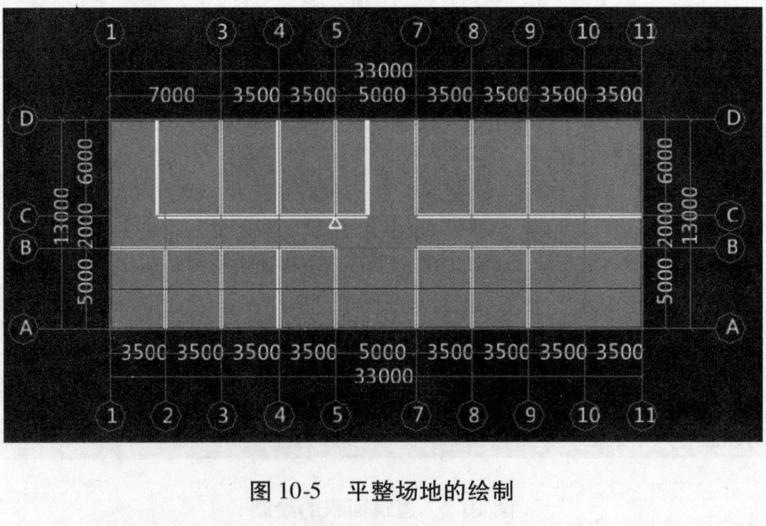

图 10-5　平整场地的绘制

除可以用“点”绘制平整场地外，还可以用“直线”“矩形”“智能布置”等方法绘制平整场地。

第三节　台阶的定义和绘制

一、台阶的定义

在“模块导航栏”中单击“其他”前面的三角按钮使其展开→双击下一级“台阶”→单击“新建”，出现下拉菜单，单击选择“新建台阶”。根据图纸中台阶的尺寸标注，在“属性编辑框”中输入相应的属性值，如图 10-6 所示。

属性编辑框

属性名称	属性值	附加
名称	TAIJ-1	
材质	现浇混凝土	☑
砼类型	(现浇砾石混凝土 粒径≤10(32.5水泥))	☐
砼标号	(C15)	☐
顶标高(m)	层底标高	☐
台阶高度(mm)	450	☐
踏步个数	1	☐
踏步高度(mm)	450	☐
备注		☐
+ 计算属性		
+ 显示样式		

图 10-6　台阶的属性

二、台阶的做法套用

台阶的做法套用如图 10-7 所示。

	编码	类别	项目名称	项目特征	单位	工程量表达式	表达式说明	措施项目	专业
1	− 010507004	项	台阶		m2	MJ	MJ<台阶台阶整体水平投影面积>	☐	建筑工程
2	1-3	借	水泥砂浆楼地面 加浆一次抹光		m2			☐	装饰
3	1-152	借	地面垫层 混凝土		m3			☐	装饰
4	1-145	借	地面垫层 碎(砾)石 灌浆		m3			☐	装饰
5	1-128	定	原土打夯		m2			☐	建筑

图 10-7　台阶的做法套用

三、台阶的绘制

台阶属于面式构件，因此可以直线绘制，也可以点绘制。本工程采用直线绘制的方法。首先建立辅助轴线，然后选择“直线”，单击交点形成闭合区域即可绘制台阶。绘制完成的台阶如图 10-8 所示。

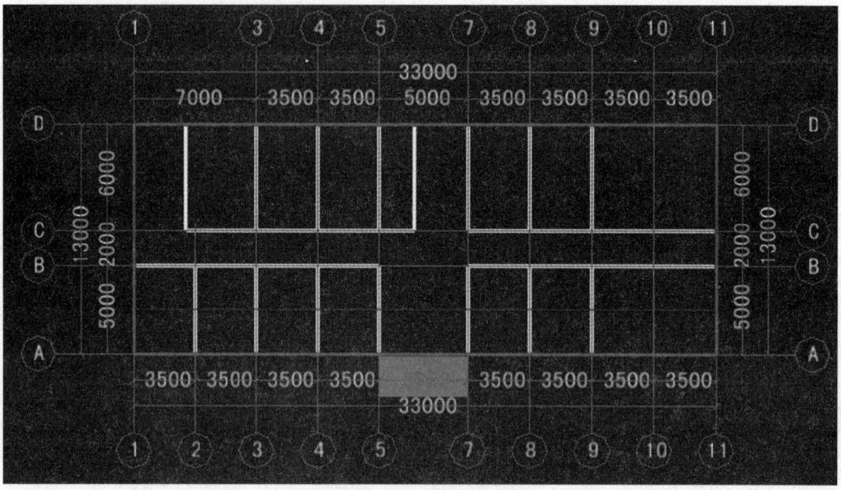

图 10-8　台阶的绘制

第四节　散水的定义和绘制

一、散水的定义

在“模块导航栏”中单击“其他”前面的三角按钮使其展开→双击下一级“散水”→单击“新建”，出现下拉菜单，单击选择“新建散水”。根据图纸总说明中散水的厚度，在“属性编辑框”中输入相应的属性值，如图 10-9 所示。

属性编辑框

属性名称	属性值	附加
名称	散水	
材质	现浇混凝土	□
砼类型	(现浇砾石	□
厚度(mm)	80	□
砼标号	(C15)	□
备注		□
+ 计算属性		
+ 显示样式		

图 10-9　散水的属性

二、散水的做法套用

散水的做法套用如图 10-10 所示。

三、散水的绘制

单击“绘图”按钮，进入散水绘图界面→单击“智能布置”，出现下拉菜单→单击“外墙外边线”，按照外墙外边线布置散水，在弹出的对话框中输入散水的宽度（根据图纸，散水的宽度为 600 mm）→单击“确定”按钮，散水即布置成功。散水的绘制如图 10-11 所示。

	编码	类别	项目名称	项目特征	单位	工程量表达式	表达式说明	措施项目	专业
1	− 010507001	项	散水、坡道		m2	MJ	MJ<散水面积>	□	建筑工程
2	1-3	借	水泥砂浆楼地面 加浆一次抹光		m2			□	装饰
3	1-152	借	地面垫层 混凝土		m3			□	装饰
4	1-128	定	原土打夯		m2			□	建筑

图 10-10　散水的做法套用

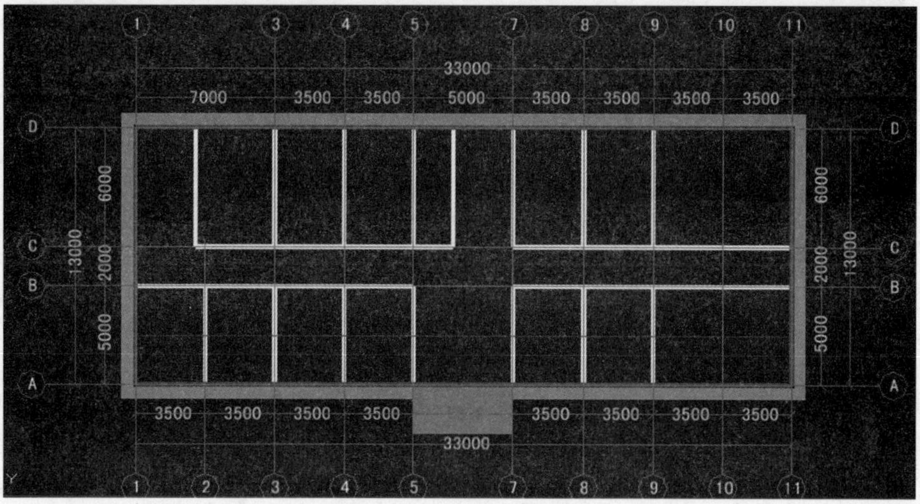

图 10-11　散水的绘制

第五节　基础垫层的定义和绘制

一、垫层的定义

在“模块导航栏”中单击“基础”前面的三角按钮使其展开→双击下一级“垫层”，进入定义界面→单击“新建”，出现下拉菜单，单击选择“新建线式矩形垫层”，在下方的“属性编辑框”中填写垫层的信息，如图 10-12 所示。

属性编辑框

属性名称	属性值	附加
名称	垫层1	
材质	现浇混凝土	☐
砼类型	现浇碎石	☐
砼标号	C15	☐
形状	线型	☐
宽度(mm)		☐
厚度(mm)	100	☐
截面面积(m	0	☐
起点顶标高	基础底标	☐
终点顶标高	基础底标	☐

属性编辑框

属性名称	属性值	附加
名称	垫层2	
材质	现浇混凝土	☐
砼类型	现浇碎石	☐
砼标号	C15	☐
形状	面型	☐
厚度(mm)	100	☐
顶标高(m)	基础底标	☐
备注		☐
⊞ 计算属性		

图 10-12　垫层的属性

用同样的方法定义一个面式垫层，因本工程为独立基础和条形基础相结合的基础类型，条形基础下的垫层定义为“线式矩形垫层”，独立基础下的垫层为“面式垫层”。两种垫层的属性如图 10-12 所示。

二、垫层的做法套用

垫层1和垫层2的做法套用如图10-13所示。

	编码	类别	项目名称	项目特征	单位	工程量表达式	表达式说明	措施项目	专业
1	010404001	项	垫层		m3	TJ	TJ<垫层体积>	☐	建筑工程
2	4-13	定	基础垫层混凝土(C10-40(32.5水泥)现浇碎石砼)		m3	TJ	TJ<垫层体积>	☐	建筑

图10-13 垫层的做法套用

三、垫层的绘制

(1)单击“垫层1”→单击“绘图”按钮,进入垫层绘图界面→单击“智能布置”,出现下拉菜单,选择“条基中心线”,拉框选择条形基础→单击右键,弹出“请输入出边距离”对话框,根据图纸输入出边距离为“100”,如图10-14所示→单击“确定”按钮,条形基础下的垫层即绘制完成。

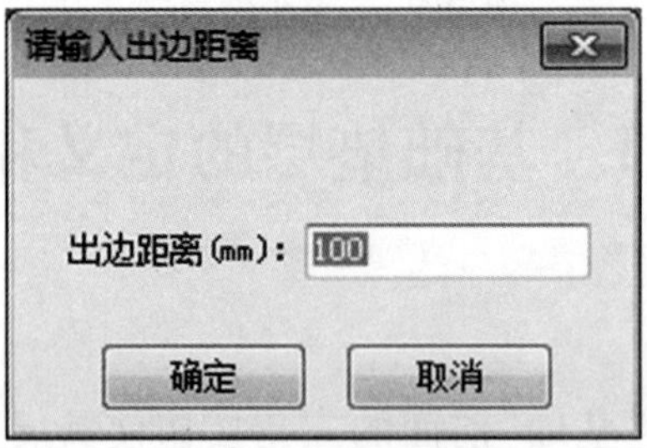

图10-14 垫层的绘制

(2)用同样的方法可绘制垫层2。

参 考 文 献

[1] 张丽萍,付荣乐.河南省建设工程工程量清单综合单价(2008)[M].北京:中国计划出版社,2008.
[2] 于庆展.建筑与装饰装修工程工程量清单计价[M].郑州:河南科学技术出版社,2010.
[3] 王全杰,张冬秀,朱溢镕.钢筋工程量计算实训教程[M].2版.重庆:重庆大学出版社,2015.
[4] 王全杰,王辉,陈武新.建筑工程量计算实训教程(河南版)[M].重庆:重庆大学出版社,2012.
[5] 蒋晓云,黄洁贞,蒋艳芳.工程造价软件应用[M].武汉:华中科技大学出版社,2015.
[6] 张向荣,刘洪峰.框架实例软件抽筋[M].武汉:长江出版社,2011.
[7] 宋建学.建筑工程综合单价及清单计价[M].郑州:郑州大学出版社,2009.
[8] 宋显锐,翟丽旻.建筑与装饰装修工程计量与计价[M].武汉:武汉理工大学出版社,2015.
[9] 中国建筑标准设计研究院.11G101-1 国家建筑标准设计图集[S].北京:中国计划出版社,2011.
[10] 中国建筑标准设计研究院.11G101-2 国家建筑标准设计图集[S].北京:中国计划出版社,2011.
[11] 中国建筑标准设计研究院.11G101-3 国家建筑标准设计图集[S].北京:中国计划出版社,2011.

参考文献

[1] [illegible]
[2] [illegible]
[3] [illegible]
[4] [illegible]
[5] [illegible]
[6] [illegible]
[7] [illegible]
[8] [illegible]
[9] [illegible]
[10] [illegible]
[11] [illegible]